NOUVELLE

CUISINIÈRE BOURGEOISE

OU

MANUEL COMPLET

DU CUISINIER ET DE LA CUISINIÈRE,

CONTENANT DES RECETTES POUR FAIRE UNE BONNE ET SAINE
CUISINE A PEU DE FRAIS; LA MANIÈRE DE FAIRE LA
PATISSERIE ET LES CONFITURES, LES LIQUEURS,
LA COMPOSITION DES VINAIGRES ET
TOUTES ESPÈCES DE BOISSONS.

NOUVELLE ÉDITION,

Augmentée 1o d'un traité sur les Melons, manière de connaître s'ils
sont bons.

PAR M. LOMBEZ,

Chef d'Office.

———◆✦◆———

LIMOGES.

BARBOU FRÈRES, IMPRIMEURS-LIBRAIRES.

——

1847.

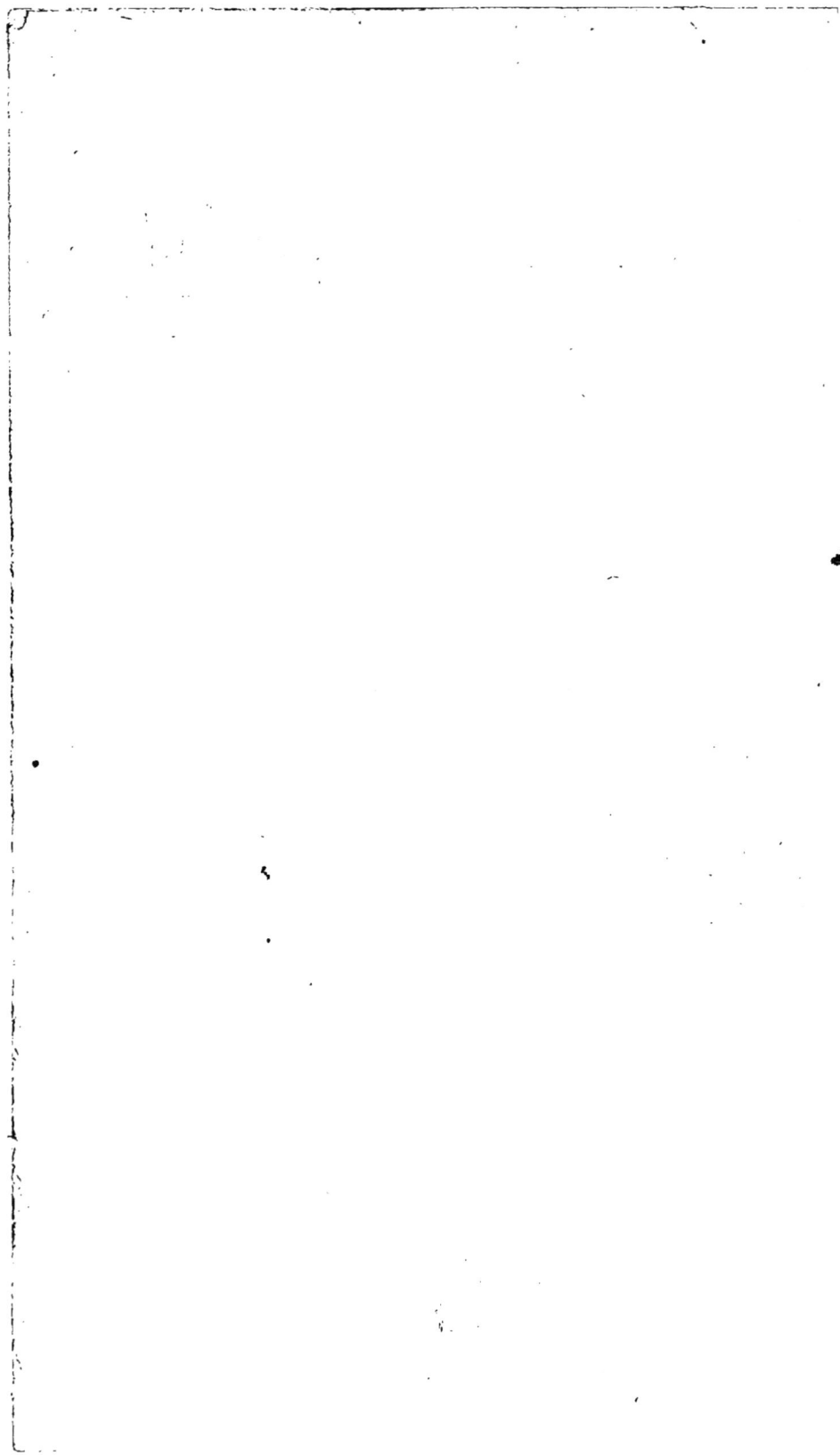

NOUVELLE
CUISINIÈRE BOURGEOISE.

ABRÉGÉ GÉNÉRAL

POUR TOUTES SORTES DE POTAGES.

Prenez la viande la plus saine et la plus fraîche tuée, pour qu'elle donne plus de goût à votre bouillon; la plus succulente est la tranchée, la culotte, les charbonnades, le milieu du trumeau, le bas de l'aloyau et le gîte à la noix : les pièces les plus propres à servir sur la table sont la culotte et la poitrine du bœuf. Ne mettez du veau dans vos bouillons que pour quelque cause de maladie. Quand votre viande est bien écumée, salez votre bouillon, mettez dans la marmite toutes sortes de légumes bien épluchés, ratissés et lavés, comme céleri, ognons, carottes, panais, poireaux, choux; faites bouillir doucement votre bouillon jusqu'à ce que la viande soit cuite, passez-le ensuite dans un tami ou dans une serviette, laissez reposer votre bouillon pour vous en servir à ce que vous jugerez à propos.

Potage au Riz.

Prenez, pour quatre personnes, un quarteron de riz bien épluché; lavez-le quatre à cinq fois à l'eau tiède en le frottant bien, puis à l'eau froide; vous le mouillerez à grand bouillon, pour que votre riz ne se mette pas en bouillie; vous le ferez bouillir pendant deux heures à petit feu. Tâchez que votre bouillon ne soit pas trop salé, à cause de la réduction. Pour qu'il acquière une belle couleur, vous y mettrez une demi-cuillerée de jus de veau. Le riz de la Caroline est le meilleur pour la cuisine.

Potage au Vermicelle.

Vous aurez de bon bouillon, vous le ferez bouillir; lorsqu'il bouillira, vous y mettrez votre vermicelle de manière qu'il ne soit pas en paquet : quand il aura bouilli une demi-heure, vous le retirerez, afin qu'il ne soit pas trop crevé et que votre potage soit bien net. Il faut même quantité de vermicelle que de riz.

1.

A la Semoule.

Mettez du bouillon dans une casserole; quand il bouillira, vous verserez votre semoule dans votre bouillon tout bouillant; tournez-le avec une grande cuillère pour que votre semoule ne s'attache ni ne forme de grumeaux : au bout d'une demi-heure vous la retirerez, si elle se trouve cuite. Dégraissez votre potage. En cas qu'il soit trop pâle, colorez-le avec du jus de veau pour qu'il ait une belle couleur. Tâchez qu'il soit de bon goût et de bon sel.

Aux Choux.

Faites blanchir une demi-heure, dans l'eau bouillante, une moitié de chou : puis vous le rafraîchirez, vous l'égoutterez, et vous le ficellerez : mettez-le alors dans une marmite avec un morceaux de petit lard coupé en tranches tenant à la couenne, que vous ficellerez également. Baignez le tout de bouillon. Les choux et le lard cuits, vous les retirerez du bouillon. Vous jetterez dans le bouillon des croûtes que vous laisserez tremper quelques instans. Vous placerez les choux et le lard autour du potage ou simplement dessus. Salez peu le bouillon à cause du lard.

Purée de Lentilles.

Vous prendrez un demi-litre de lentilles ou plus, selon que vous voudrez faire de purée : épluchez-les, lavez-les, et faites-les cuire dans du bouillon : ensuite vous les passerez au tamis et vous assaisonnerez votre purée.

Purée de Pois ou Verte.

Cette purée se fait de même que la précédente, à la seule différence que, quand les pois sont cuits, on y mélange du persil et des queues de ciboule qu'on fait blanchir et qu'on pile et passe avec la purée pour la verdir.

Potage aux Croûtes.

Vous mettez des croûtes de pain sur un plat d'argent; vous les mouillez avec du bouillon non dégraissé; vous faites mitonner vos croûtes jusqu'à ce qu'il se forme au fond du plat un petit gratin, vous égouttez la graisse qui reste, et vous mettez votre purée de lentilles ou de pois, celle enfin que vous aurez.

Aux Concombres.

Après les avoir coupés proprement, mettez-les cuire dans du bouillon que vous colorerez avec du jus de veau : quand vous les jugerez cuits, vous les ôterez du bouillon, que vous laisserez encore mijoter quelques instans, en y ajoutant un peu de nouveau bouillon. Assurez-vous si votre potage est de bon sel et garnissez-le de vos concombres.

A la Purée de Marrons.

Ayez, selon la grandeur de votre potage, cinquante ou cent marrons ; ôtez-leur la première écorce, puis mettez-les dans l'eau ; laissez-les sur le feu jusqu'à ce que l'eau frémisse ; retirez-en pour voir si la peau se lève (comme si c'étaient des amandes) ; après les avoir épluchés de manière qu'il ne reste pas du tout de seconde peau, vous en garderez vingt-quatre entiers, et vous pilerez le reste : vous mettrez tremper dans du bouillon un morceau de mie de pain tendre, pesant un quarteron, que vous pilerez avec vos marrons. Quand le tout sera bien écrasé, vous le délaierez avec du bouillon chaud, puis vous le passerez à l'étamine ; vous mettrez votre purée sur le feu, en observant de la tenir assez claire pour que votre potage ne soit pas trop épais ; vous la verserez sur des croûtons passés dans le beurre, au moment de servir, et vous y mettrez vos vingt-quatre marrons. Tâchez que votre potage soit de bon sel. On peut aussi faire ce potage en maigre, en prenant du bouillon maigre au lieu de bouillon gras (Voyez *Bouillon maigre*).

Aux Herbes.

Prenez oseille, laitue, cerfeuil, pourpier, un peu de céleri coupé en filets ; épluchez et lavez bien ces herbes ; ajoutez-y une carotte et un panais coupés en petits filets : mettez cuire le tout avec du bouillon et un peu de jus de veau ; servez ensuite vos herbes au naturel, dans le potage, sans faire de garniture.

On peut, si on veut, masquer les potages de diverses sortes de viande, telles que chapon, poularde, gros pigeons, canard, jarret de veau. La manière de faire cuire ces volailles est la même pour toutes; on leur retrousse les pattes dans le corps, on les fait blanchir un instant, et on ne les laisse dans la marmite que le temps nécessaire pour la cuisson, parce qu'une volaille trop cuite n'est pas estimée. On s'assure qu'elle est à son point de cuisson en la tâtant; si elle fléchit sous les doigts, elle est bonne à servir. On sert les volailles au milieu des potages ou dans un plat pour hors-d'œuvre, avec un peu de bouillon et du gros sel par-dessus. Quand on fait usage de jus pour les potages, on doit préférer celui de veau à celui de bœuf, parce que le premier est rafraîchissant et plus léger. Fait avec soin, sans trop d'ognons, à très-petit feu, il n'est point contraire à la santé.

Bouillon maigre.

Vous mettrez dans une marmite ou une casserole, dix carottes coupées en lames, autant de navets, d'ognons, deux pieds de céleri, deux laitues entières, une petite poignée de cerfeuil, une moitié de chou coupé en filets, un panais aussi coupé, le tout avec une demi-livre de beurre; vous verserez une chopine d'eau sur vos légumes que vous ferez bouillir jusqu'à ce qu'ils soient réduits à glacer, c'est-à-dire, jusqu'à ce qu'il n'y ait plus d'eau dans votre marmite, et que vos légumes frissonnent un peu avec le beurre; vous remplirez alors votre marmite d'eau, dans laquelle vous mettrez un litron de pois, deux clous de girofle, du sel, du poivre, assez pour que votre bouillon soit d'un bon assaisonnement. Quand votre marmite aura bouilli trois ou quatre heures, vous passerez votre bouillon au tamis. Avec ce bouillon, vous pouvez faire en maigre presque tous les potages.

Potage Printannier.

Prenez un litron de pois nouveaux, du cerfeuil, du pourpier, de la laitue, de l'oseille, trois ou quatre ognons, une pincée de persil, un morceau de beurre : faites bouillir le tout et passez-le en purée claire : mettez mitonner le potage avec trois quarts du bouillon ; délayez dans l'autre quart six jaunes d'œufs; faites-les lier sur le feu, versez votre liaison dans votre potage à l'instant de servir. Sachez s'il est de bon goût.

Soupe à l'Ognon.

Vos ognons épluchés, vous coupez la tête et la queue. Vous faites fondre dans une casserole un morceau de beurre, vous y mettez vos ognons coupés en lames; vous les faites frire ou roussir jusqu'à ce qu'ils soient blonds; vous mettez de l'eau suffisamment pour votre potage avec du sel et du poivre fin, et le laissez bouillir un quart d'heure. Versez votre bouillon sur le pain et servez.

Potage aux Choux maigres.

Vous émincerez la moitié d'un chou (évitez d'y mettre les cotons); vous le passerez avec un bon morceau de beurre (selon la quantité de chou); quand il sera bien passé, qu'il commencera à blondir, vous le mouillerez avec de l'eau; vous y mettrez du sel, du gros poivre; et laisserez bouillir votre potage trois quarts d'heure ou une heure, jusqu'à ce que votre chou soit cuit. Au moment de servir, versez votre potage sur votre pain

Aux Poireaux

Il faut couper les poireaux à un pouce de long, puis en
filets. Quand vos poireaux seront frits de façon à ce qu'ils
soient un peu blonds, vous mouillerez votre potage avec de
l'eau, vous y ajouterez un peu de canelle, du sel, du gros poivre; vous laisserez bouillir le tout une demi-heure : au moment de servir, vous verserez votre bouillon sur votre pain

Aux Pommes de terre.

Pelez les pommes de terre, mettez-les cuire dans de l'eau
jusqu'à ce qu'elles soient en purée, et passez-les dans une passoire, fricassez la purée avec du beurre, du persil et de la
ciboule hachés, du sel et du poivre; mouillez avec de l'eau
dans laquelle ont cuit les pommes de terre, ce qui fera le
bouillon de votre soupe que vous tremperez avec du pain.

Aux Croûtons ou à la Viennet.

Vous couperez des lames de mie de pain de l'épaisseur de
trois ou quatre lignes, puis vous en formerez des carrés, des
ovales ou des ronds un peu plus grands qu'un petit écu (telle
forme que vous donniez à votre mie de pain, ayez soin que
votre croûton ait toujours la même épaisseur et la même grandeur.) Il en faut vingt ou trente, selon la grandeur de votre
potage. Vos croûtons de mie taillés, mettez-les dans votre casserole avec un quarteron de beurre, et exposez la casserole
sur un feu ardent : vous avez soin de toujours sauter vos croûtons jusqu'à ce qu'ils soient bien blonds; alors vous les retirez
de votre casserole, et les mettez égoutter sur un linge blanc,
puis vous les placez dans votre soupière : dix minutes avant
de servir, vous versez sur vos croûtons une purée claire et
bouillante, soit purée de navets, de carottes, de lentilles ou
de pois, celle que vous jugerez à propos : ayez attention de
mettre dans votre puree de légumes un petit morceau de
sucre pour en détruire l'âcreté. Ce potage peut se faire au gras
comme au maigre.

A la Citrouille ou Potiron.

Mettez dans une marmite, avec de l'eau, un quartier plus
ou moins gros (selon que doit être votre potage) d'un potiron
ou citrouille dont vous aurez ôté la peau et tout ce qui tient
après les pépins, et que vous aurez coupé par petits morceaux,
faites-le cuire jusqu'à ce qu'il soit réduit en marmelade et
qu'il ne reste plus d'eau; ajoutez-y alors gros comme un œuf
de beurre et un peu de sel; faites-lui faire encore quelques

bouillons : faites ensuite bouillir une pinte de lait; mettez-y du sucre, ce que vous jugerez à propos; versez ce lait sur votre potiron. Arrangez des tranches de pain dans votre soupière; mouillez-les avec de votre bouillon de potiron; laissez tremper votre pain quelques instans, et ajoutez le restant de votre bouillon bien chaud.

D'Asperges à la Purée verte, en gras et en maigre.

Prenez des asperges de moyenne grosseur, ce qu'il vous en faut pour garnir le potage; coupez-les de la longueur de trois doigts; faites-les blanchir un moment à l'eau bouillante, et retirez-les; trempez-les dans de l'eau fraîche, faites-les égoutter, ficelez-les en petits paquets; coupez un peu le bout de la pointe, et mettez-les cuire avec un litron de pois dans un bouillon maigre (Voyez *Bouillon maigre*) : lorsque les pois seront cuits, vous les passerez en purée : vous tremperez votre potage avec du bouillon maigre, vous ferez une garniture sur les bords du plat avec les asperges, et en servant vous y mettrez votre purée. Le potage en gras se fait de la même façon en prenant du bouillon gras au lieu de maigre.

Panade.

Vous prenez de la mie de pain tendre, le mollet est le meilleur; vous la mettez dans un petit pot ou autre vase de terre avec de l'eau, du sel, un peu de gros poivre, gros comme la moitié d'un œuf de beurre (plus ou moins selon que votre panade doit être forte); vous faites mijoter le tout ensemble pendant une heure : au moment de servir votre panade, vous mettez une liaison de deux ou trois jaunes d'œufs (selon la qualité de la panade). Ayez soin que votre panade ne bouille pas quand votre liaison sera dedans.

Potage au lait d'Amandes.

Mettez une demi-livre d'amandes douces dans de l'eau, que vous ferez presque bouillir : vous les retirerez, leur enlèverez la peau, et les jetterez à mesure dans de l'eau fraîche : après que vous les aurez égouttées, vous les pilerez dans un mortier, en les arrosant de temps en temps d'une cuillerée d'eau, de crainte qu'elles ne tournent en huile. Faites bouillir environ un quart-d'heure une demi-pinte d'eau avec un peu de sucre, de sel, de canelle, de coriandre, un zeste de citron. Servez-vous de cette composition pour passer vos amandes dans une serviette, en les bourrant plusieurs fois avec une cuillère de bois. Vous mettrez sur un plat des tranches de pain séchées, et vous verserez dessus le lait d'amandes le plus chaud possible sans bouillir.

Au Lait.

Faites bouillir votre lait ; après qu'il a bouilli, assaisonnez-le de sucre ou de sel, à votre choix ; au moment de servir, versez votre lait sur votre pain.

Riz au Lait.

Après avoir lavé un quarteron (pour quatre personnes) de riz, vous le mettez dans votre lait bouillant, vous le laissez bouillir à petit feu une heure et demie, et vous tâchez qu'il y ait assez de lait pour que votre riz crève à l'aise et qu'il ne soit pas en pâte : votre riz crevé et prêt à servir, vous mettez du sucre, cinq à six grains de sel. Ayez soin de ne pas couvrir tout-à-fait le vase dans lequel cuit votre riz, pour que votre lait ne tourne pas.

Vermicelle au Lait.

Lorsque votre lait bout, vous mettez dedans votre vermicelle en ayant soin de le dépeloter : il faut le remuer de temps en temps pour qu'il ne se mette pas en pâte. Veillez à ce que votre potage soit d'un bon sucre. Une demi-heure suffit pour que votre vermicelle soit crevé.

Riz ou Vermicelle au lait d'Amandes.

Vous ferez votre riz ou votre vermicelle comme on vient de le dire, et, au moment de servir, vous y verserez un lait d'amandes.

DES SAUCES

Blond de Veau.

On mettra dans une casserole deux cassis et deux jarrets de veau, quatre carottes, quatre ognons que l'on mouillera avec deux cuillerées à pot de bouillon ; on posera sa casserole sur un bon feu ; quand le bouillon sera réduit, on le mettra sur un feu doux, pour que le veau ait le temps de suer, et que la glace qui est dans la casserole ne s'attache pas trop vite ; lorsque cette glace sera de belle couleur, on remplira la casserole de bouillon ; on aura soin de l'écumer, afin que le blond ne soit pas trouble ; on n'y mettra point de sel puisque le bouillon est assaisonné.

1..

Mettez dans une casserole trois livres de tranches, les cuisses et le râble de deux lapins, un jarret de veau, six carottes, autant d'ognons, deux clous de girofle, deux feuilles de laurier, un bouquet de persil et de ciboule; versez plein deux cuillerées à pot de bouillon dans votre casserole, que vous placerez sur un bon feu; votre bouillon réduit, vous étoufferez votre fourneau et y remettrez votre casserole, afin que votre viande jette son jus et qu'il s'attache doucement. Il est essentiel que la glace qui est au fond de votre casserole soit noire. Lorsqu'elle sera à ce point, vous retirerez votre casserole du feu, et resterez environ un quart-d'heure sans la mouiller : remplissez-la avec du bouillon ou de l'eau. Faites ensuite mijoter votre jus pendant trois heures. Ayez soin qu'il soit bien écumé et assaisonné. Si vos viandes cuites sont mouillées à l'eau, vous passerez votre jus à travers un tamis de crin.

On peut faire le jus plus simplement en mettant dans le fond d'une casserole un peu de lard, quelques tranches d'ognons et des morceaux de rouelle de veau minces par dessus : on les fait suer à très-petit feu, puis attacher sans être brûlés; on mouille avec du bouillon; on fait bouillir une demi-heure, et l'on passe le jus au tamis pour s'en servir à ce que l'on juge à propos.

Toutes sortes de jus se font de cette façon.

Consommé.

Mettez dans une marmite quatre livres de tranches de bœuf, quatre vieilles poules, un cassis, deux jarrets de veau, remplissez-la de bouillon, et faites-la écumer; rafraîchissez votre bouillon trois ou quatre fois pour bien faire monter l'écume; vous ferez ensuite bouillir doucement votre consommé; vous mettrez dans votre marmite des carottes, navets, ognons, deux ou trois clous de girofle. Lorsque les viandes sont cuites, vous passez votre consommé, afin qu'il soit bien clair : vous l'assaisonnez de bon goût.

Coulis.

On met dans le fond d'une casserole de petits morceaux de lard et de la rouelle de veau (pour le faire bon, il faut une livre de rouelle pour demi-setier; on se réglera là-dessus), deux ou trois ognons, autant de carottes; on place la casserole bien couverte sur un feu doux, pour que la viande ait le temps de jeter son jus: on la fait ensuite aller à plus grand feu, jusqu'à ce que la viande soit près de s'attacher; pour lors on la fait de nouveau aller à petit feu, afin qu'elle s'attache doucement à la casserole, et on fait un beau gratin : on retire ensuite la viande et les légumes sur une assiette, et on met dans la casserole un morceau de beurre et de la farine, suivant la quantité que l'on veut tirer de coulis (plein une cuillerée à bouche par demi-setier) ; on tourne sur le feu jusqu'à ce que le roux soit beau ; ensuite on mouille avec du bouillon chaud ; on remet dedans la viande, pour la faire cuire encore deux heures à très-petit feu ; on dégraisse souvent le coulis. Quand il sera fini, on le passera à l'étamine ou au tamis, pour s'en servir au besoin. Pour que le coulis soit bien fait, il doit être d'une belle couleur canelle, ni trop clair ni trop épais.

On tire du coulis de toute espèce de viande ; mais quel que soit celui que l'on veuille faire, il faut toujours du veau avec.

Coulis aux écrevisses.

Vous choisirez une trentaine d'écrevisses moyennes, et après les avoir lavées dans plusieurs eaux, vous les ferez cuire à l'eau. Vous les épluchez ensuite, en mettant à part les écailles, que vous pilez dans un mortier, avec douze amandes douces et des écrevisses. Prenez ensuite une livre et demie de rouelle de veau et un morceau de jambon ; coupez-les par tranches ainsi qu'un ognon, et ajoutez quelques tranches de carottes et de panais. Quand tout est attaché comme un jus de veau, ajoutez du lard fondu, un peu de farine, et faites faire quelques tours, en remuant toujours ; mouillez le tout d'un bon bouillon ; ajoutez sel, poivre, clous de girofle, basilic, persil, ciboules, champignons, truffes, croûtes de pain, et faites mitonner : ensuite ôtez le veau, délayez ce qui est dans le mortier avec le jus, et passez le tout à l'étamine.

Roux.

Faites fondre un bon morceau de beurre dans une casserole ; mettez-y de la farine, de manière que votre farine, liée avec le beurre, soit plus épaisse que si c'était une bouillie bien matte ; placez votre beurre et votre farine sur un fourneau un peu ardent ; tournez avec une cuillère de bois jusqu'à ce que le roux soit un peu blond ; mettez de la cendre sur votre feu, et replacez-y votre roux que vous ferez ainsi aller à petit feu, jusqu'à ce qu'il soit d'un beau blond. Prenez de la farine de froment de préférence à celle de seigle.

Beurre d'Anchois.

On lave bien cinq ou six anchois, on en lève les chairs, on les pile bien, on les passe ensuite, sans y mettre de mouillement, à travers un tamis de crin, puis on prend les chairs et on les amalgame avec autant de beurre : alors on s'en sert pour ce que l'on veut faire au beurre d'anchois.

Gelée pour les malades.

On met dans une marmite une poule que l'on a flambée, vidée et épluchée, un jarret de veau d'environ une livre et demie et deux pintes d'eau ; on fait bien écumer et bouillir pendant trois heures ; on dégraisse son bouillon ; on le passe dans un tamis serré ; on le met dans une casserole, sur un fourneau, avec une tranche de citron vert dont on a ôté la peau (si on n'a pas de citron, on y supplée par quelques gouttes de vinaigre), un quarteron de sucre, deux ou trois grains de sel, deux pincées de coriandre, un peu de canelle en morceaux; on fait bouillir un quart-d'heure; puis on ajoute trois œufs cassés, blanc, jaune et coquille; on laisse encore bouillir doucement en remuant souvent jusqu'à ce que sa gelée soit claire et réduite à environ trois demi-setiers ; on la passe dans une serviette blanche que l'on a mouillée et bien tordue pour qu'elle ne sente point un goût de lessive et qu'il ne reste point d'eau ; on met sa gelée dans les vaisseaux où elle doit rester, et on la fait prendre dans un endroit frais ou sur de la glace.

Espagnôle.

On met dans une casserole deux noix de veau, quatre perdrix, la moitié d'une noix de jambon, cinq grosses carottes, cinq ognons, deux ou trois clous de girofle, on mouille les viandes avec une bouteille d'excellent bon vin blanc et une cuillerée à pot de gelée ; on place la casserole sur un grand feu : le mouillement réduit, on le met sur un feu doux ; lorsque la glace est plus que blonde, on retire la casserole du feu, et on la laisse dix minutes dehors, pour que la glace puisse bien se détacher : on a fait suer des sous-noix dont on prend le mouillement pour mouiller l'espagnole; quand elle est bien écumée, on a un roux qu'on délaie avec le mouillement, et on le verse sur la viande ; on y ajoute trois feuilles de laurier, de tym, des champignons, un bouquet de persil et ciboules, plusieurs échalottes; on fait bouillir doucement la sauce pendant deux ou trois heures, jusqu'à ce que les viandes soient cuites. Il faut avoir soin de bien écumer ce qu'on met sur le feu, que la sauce ne soit ni trop brune, ni trop pâle, ni trop claire, ni trop liée, et qu'elle soit de bon goût.

Sauce à l'Allemande.

Mettez dans une casserole un peu de coulis avec autant de bouillon, une pincée de persil blanchi, hâché, deux foies de volaille cuits, un anchois et des câpres, le tout hâché très-fin, gros comme la moitié d'un œuf de bon beurre, sel, poivre : faites lier la sauce sur le feu, et servez-vous-en pour ce que vous jugerez à propos.

Sauce à l'Anglaise.

Hachez deux jaunes d'œufs durs, mettez-en la moitié dans une casserole, avec un anchois et des câpres hâchées, un verre de bon bouillon, peu de sel, gros poivre, gros comme la moitié d'un œuf de beurre manié d'une pincée de farine ; faites lier la sauce sur le feu, dressez-la sur ce que vous voudrez, et jetez sur la viande le restant du jaune d'œuf haché.

Beurre Noir.

Mettez dans une casserole un demi-verre de vinaigre, du sel, du poivre, et faites-lui jeter quelques bouillons : mettez en même temps dans une autre casserole, une demi-livre de beurre ; faites-le chauffer jusqu'à ce qu'il soit presque noir, alors vous le laisserez reposer, et vous le verserez sur votre vinaigre, tenez-le chaud : vous vous en servirez pour les choses indiquées.

Sauce blanche aux Câpres et Anchois.

Mettez dans une casserole gros comme un œuf de beurre, que vous mêlez avec une pincée de farine : délayez avec un verre de bouillon, un anchois haché, câpres fines entières, sel, gros poivre, deux ou trois ciboules entières; faites lier sur le feu : ôtez les ciboules et servez.

Sauce au Blanc.

Prenez une demi-livre de lard râpé, une demi-livre de graisse, un quarteron de beurre, un citron coupé en tranches, dont vous ôterez le blanc, du laurier, un clou de girofle, deux carottes coupées en dés, deux ognons, une demi-cuillerée d'eau ; vous ferez bouillir le tout jusqu'à ce qu'il soit réduit, ayant soin de tourner sans cesse votre blanc, de crainte qu'il ne s'attache ; quand il n'y aura plus de mouillement et que votre graisse sera fondue, vous y jetterez du sel blanc; vous le ferez bouillir, vous l'écumerez, après quoi vous vous en servirez pour les mets que vous voulez faire au blanc.

Sauce au Jus d'Orange.

Mettez dans une casserole un demi-verre de bon bouillon, avec autant de jus, quelques zestes de pelure d'orange aigre, gros comme la moitié d'un œuf de bon beurre manié avec une petite pincée de farine, sel, gros poivre; faites lier sur le feu, et pressez-y ensuite le jus d'une orange aigre.

Sauce à la Maître-d'Hôtel.

Mettez un quarteron de beurre dans une casserole, du persil et des échalottes hachés très-menus, du sel, du poivre et un jus de citron : vous pétrirez le tout ensemble. Au moment de servir, vous versez votre sauce dessus, dessous, dans les viandes ou poissons, à volonté.

Sauce Piquante.

Vous mettrez dans une casserole un poisson de vinaigre, un peu de petit piment, du poivre, une feuille de laurier, un peu de thym, faites réduire à moitié; alors vous ajouterez plein trois cuillerées de bouillon; faites réduire votre sauce à une juste mesure, et mettez-y le sel nécessaire.

Sauce au Petit-Maître.

Mettez dans une casserole un verre de vin blanc, moitié d'un citron coupé en tranches, un peu de chapelure de pain très-fine, deux cuillerées à bouche d'huile d'olive, un bouquet de persil, ciboules, deux gousses d'ail, un peu d'estragon, deux clous de girofle, un peu de bouillon, sel, gros poivre; faites bouillir le tout à très-petit feu pendant un quart-d'heure, dégraissez ensuite et passez au tamis.

Sauce à la Poivrade.

Mettez dans une casserole gros comme la moitié d'un œuf de beurre, deux ou trois ognons en tranches, carottes et panais coupés en zestes, une gousse d'ail, deux clous de girofle, une feuille de laurier, thym, basilic; passez le tout au feu, jusqu'à ce qu'il commence à se colorer : mettez-y une bonne pincée de farine; mouillez avec un verre de vin rouge, un verre d'eau, une cuillerée de vinaigre; faites bouillir une demi-heure; dégraissez; passez au tamis; mettez-y du sel, gros poivre, et servez-vous-en pour tout ce qui a besoin d'être relevé.

Sauce à la Provençale.

Vous mettrez dans une casserole deux cuillerées d'huile fine, quelques échalottes et champignons hachés, deux gousses d'ail entières, passez le tout sur le feu, ajoutez une pincée de farine et mouillez avec du bouillon et un verre de vin blanc; assaisonnez de sel, gros poivre, un peu de persil, ciboule; faites bouillir cette sauce à petit feu pendant une demi-heure; dégraissez-la, et ne laissez d'huile que ce qu'il faut pour qu'elle soit perlée et légère; ôtez le bouquet et les gousses d'ail, et servez sur ce que vous jugerez à propos.

Sauce à la Ravigotte.

Mettez dans une casserole un verre de bouillon, une demi-cuillerée à café de vinaigre, sel, poivre, un petit morceau de beurre manié de farine, et deux pincées de fourniture de salade, telle que civette, estragon, pimprenelle, cerfeuil, cresson; faites bouillir cette fourniture un moment dans l'eau, pressez-la bien et hachez-la très-fine; mettez-la dans la sauce, et faites la lier sur le feu pour la servir sur ce que vous voudrez. Si vous mettez la fourniture sans la faire blanchir, il en faut la moitié moins.

Sauce à la Rémoulade.

Hachez très-fin une échalotte, du persil, de la ciboule, une pointe d'ail, un anchois et des câpres, salez, poivrez, et délayez le tout avec un peu de moutarde, de l'huile et du vinaigre, pour rendre la sauce meilleure, on peut y ajouter un jaune d'œuf cru que l'on remue avec la remoulade.

Sauce Robert.

Mettez dans une casserole un peu de beurre, avec une cuillerée à bouche de farine; faites roussir votre farine à petit feu; quand elle est de belle couleur, mettez-y trois gros ognons hachés très-fin, et du beurre suffisamment pour faire cuire l'ognon; mouillez ensuite avec du bouillon, dégraissez la sauce et la laissez bouillir une demi-heure. Lorsque vous êtes prêt à servir, mettez-y sel, gros poivre, filet de vinaigre, de la moutarde. Cette sauce s'emploie avec le porc frais et le dindon.

Sauce à la Sultane.

Mettez dans une casserole une chopine de bouillon avec un verre de vin blanc, deux tranches de citron sans peau, deux clous de girofle, une gousse d'ail, une demi-feuille de laurier, persil, ciboule, un ognon et une racine : faites bouillir une heure et demi à petit feu, et réduire au point d'une sauce ; passez-la au tamis, ensuite vous y mettrez un peu de sel, gros poivre, un jaune d'œuf dur haché, une pincée de persil blanchi haché.

Sauce Tomate.

Vous mettez quinze tomates dans une casserole, avec un peu de bouillon, du sel, du gros poivre ; vous les faites cuire et réduire ; quand vos tomates sont épaisses, vous les passez comme une purée dans une étamine : au moment de servir, vous y mettez gros comme un œuf de beurre, que vous ferez fondre dans votre sauce ; avant de la servir, voyez si elle est assaisonnée et de bon goût. Vous vous en servirez pour les choses indiquées.

DE LA DISSECTION DES VIANDES.

L'art de découper les viandes est beaucoup plus essentiel à connaître qu'on ne le pense, car il ajoute singulièrement à l'agrément de la bonne chère, au coup-d'œil et même à la bonté réelle d'un festin.

De la Dissection du Bœuf.

Il faut toujours couper le bouilli en travers, afin que la viande se trouve courte, et, avant cette opération, dépouiller le morceau de ses os, de ses nerfs, et de sa graisse superflue. On coupera les tranches un peu minces, qu'on couronnera chacune d'une petite portion de graisse.

Comme les os sont la partie la plus délicate de la poitrine, l'on s'attachera à les bien diviser, et l'on en servira un par portion.

On suivra pour le bœuf à la mode les mêmes principes, à l'exception de le couper de manière que les lardons le soient en travers.

Quant à l'aloyau, on commence par diviser le filet, lequel se coupe en travers et par rouelles plus ou moins épaisses.

La tranche se coupe en travers ainsi que la langue.

Le trumeau, qui est une chair courte et pleine de cartilages, doit être bien cuit, et se sert à la cuillère.

De la Dissection du Veau.

La manière de découper un carré de veau consiste à lever d'abord le filet, que l'on coupe en morceaux de diverses grosseurs, ainsi que le rognon; ensuite on divise les côtes.

La tête de veau, qu'on préfère généralement bouillie, se mange avec une sauce piquante à part, ou même simplement au vinaigre. Les morceaux les plus distingués sont d'abord les yeux, ensuite les bajoues, puis les tempes, puis les oreilles, enfin la langue que l'on met sur le gril, panée et sous une sauce appropriée. On sert avec chacun des morceaux ci-dessus désignés une portion de la cervelle qu'on puise dans le crâne, dont la partie supérieure a dû être enlevée avant d'être servie. sur la table, on sert les yeux avec la cuillère, on coupe proprement les bajoues, les tempes et les oreilles; on ne porte jamais le couteau dans la cervelle.

De la Dissection du mouton.

Il y a deux manières de découper un gigot de mouton. La première, c'est, tenant le manche de la main gauche, de couper perpendiculèrement les tranches, depuis la jointure jusqu'aux os du filet, ensuite la scuris, puis, retournant le gigot, de détacher les parties de derrière.

La deuxième consiste, en tenant toujours le manche de la main gauche, à couper horizontalement, à peu près comme on rabote une planche, en observant que les morceaux doivent être extrêmement minces.

De la Dissection de l'Agneau et du Chevreau

Ces deux animaux, quoique d'espèce différente, se dissèquent à peu près de même, et un quartier de chevreau se coupe selon les mêmes principes qu'un quartier d'agneau. Après avoir coupé le quartier, ou plutôt la bête presque entière, en deux parties égales en leur longueur, on divise chaque quartier, soit en côtelettes, soit en doubles côtelettes, on sépare les deux cuisses, et l'on coupe les gigots par tranches.

A l'égard du chevreuil, on n'en sert qu'un quartier, et jamais les deux ensemble.

De la Dissection du Cochon.

La hure commence à se servir, en coupant du côté des oreilles jusqu'aux bajoues; le chignon se sert après, par petites tranches minces.

Le carré, le filet, l'échinée, se coupent par petites tranches minces et en travers.

Le jambon se coupe par petites tranches en travers, toujours du gras et du maigre.

Le sanglier se coupe et se sert comme le cochon.

De la Dissection du Cochon de Lait.

On le sert presque toujours rôti; aussitôt qu'il paraît sur table, on commence par couper la tête, les deux oreilles; on sépare la tête en deux, ensuite on coupe l'épaule gauche, la cuisse gauche, l'épaule droite et la cuisse droite; on lève après la peau, pour la servir toute croquante; les jambes, les côtes, les morceaux près du cou sont des endroits très-délicats; l'épine du dos se coupe en deux; le côté des côtes qui y reste attaché se sert par petits morceaux.

Le marcassin se coupe et se sert comme le cochon de lait.

De la Dissection de la Volaille et du Gibier.

Les principales parties de la volaille sont le cou, les deux ailes, les deux cuisses, l'estomac, le croupion, la carcasse.

Les poulets, chapons, poulardes, se dissèquent en prenant l'aile de la main gauche, ou avec une fourchette; on prend de la main droite le couteau pour couper la jointure de l'aile, et on achève de la main gauche, en tirant l'aile; ensuite on lève, du même côté, la cuisse, en donnant un coup de couteau dans les nerfs de la jointure, et on la tire de la même façon, avec la main gauche. La même opération se pratique pour l'autre côté. On coupe ensuite l'estomac, la carcasse et le croupion; on divise chaque cuisse en deux, chaque aile en trois; on laisse les blancs entiers, et on tâche de faire six morceaux bien séparés de la carcasse et du croupion.

L'oie, servie sur le dos, se coupe en filets, formés de la chair, des ailes et de l'estomac, jusque vers le croupion. On lève ainsi huit filets, composant autant de lanières.

Le canard rôti se découpe, comme l'oie, en aiguillettes, que l'on multiplie le plus possible, au dépens des ailes et même des cuisses.

La bécasse et la bécassine se découpent comme les volailles ordinaires, c'est-à-dire qu'on enlève les ailes, les cuisses, et qu'on sépare ensuite le croupion de la carcasse.

Quant à la perdrix et aux perdreaux, ils se coupent comme la plupart des volailles. Le faisant rôti se coupe absolument comme la poularde. Le pigeon rôti, quand il est gros, peu se couper en quatre, autrement on ne le coupe qu'en deux portions, dont l'une composée des deux ailes est le chérubin, et l'autre, dont les deux cuisses font partie, est la culotte. Il arrive quelquefois qu'on les coupe longitudinalement, de façon que chacune des deux moitiés renferme la cuisse et l'aile.

Le lièvre et le lévraut, le lapin et le lapereau se coupent, à peu de chose près, de même.

Le lièvre ne se sert que de trois quarts, piqué ou bordé : la partie la plus délicate est le rable, que l'on coupe depuis l'épaule jusqu'à la naissance de la cuisse, ensuite l'os du râble. On coupe en forme d'entonnoir la partie supérieure et charnue des cuisses; on lève ensuite avec dextérité la queue, avec un peu de chair adhérente.

DU BŒUF.

Nous ne nous étendrons pas en dissertation sur le bœuf; nous nous contenterons de dire que les meilleurs sont ceux dont les chairs sont foncées et bien couvertes de graisse, et que les parties les plus en usage en cuisine sont la culotte, la pièce ronde, le gîte à la noix, l'aloyau, les charbonnées, les flanchets, les entrecôtes, la poitrine, les tendons de poitrine, les palerons, la cervelle, la langue, le palais, les rognons, la graisse et la queue.

Langue de bœuf aux cornichons.

Après avoir fait dégorger sa langue, on la fait blanchir pendant une demi-heure; on la met ensuite rafraîchir; lorsqu'elle sera refroidie, on la préparera : à cet effet on prendra des lardons qu'on assaisonnera avec du sel, du gros poivre, des quatre épices, du persil et des ciboules hachés très-menu : on pique la langue avec des lardons assaisonnés, et on la fait cuire dans une casserole dans laquelle on jette quelques bardes de lard, quelques tranches de veau et de bœuf, des carottes, des ognons, du laurier, du thym et plusieurs clous de girofle : on mouille la cuisson avec du bouillon; on laisse cuire la langue à petit feu pendant quatre à cinq heures : au moment de la servir, on ôtera la peau de dessus : on aura du coulis roux dans lequel on mettra des cornichons biens hachés que l'on versera dessus ou que l'on servira dans un bowl à part.

Langue de bœuf en paupiettes.

On prend une langue de bœuf, dont on en ôte le cornet, et qu'on fait blanchir un demi quart d'heure à l'eau bouillante; on la met cuire dans le pot au feu jusqu'à ce que la peau puisse s'enlever : elle ne gâtera point votre bouillon : on ôtera la peau et on la mettra refroidir; on la coupera en tranches minces, dans toute sa largeur et longueur; couvrez chaque morceau avec la farce du godiveau ou autre farce de viande,

de l'épaisseur d'un petit écu ; on passe un couteau trempé dans
l'œuf sur la farce ; on les roulera ensuite et on les embrochera
dans un attelet ; après avoir mis à chacune une petite bande
de lard, on les fait cuire à la broche ; quand elles seront presque
que cuites, on jettera de la mie de pain sur les bardes ; on
fera prendre une couleur dorée à feu clair, on les servira avec
une sauce piquante dessous.

Langue de bœuf à la persillade.

On fait blanchir sa langue un quart-d'heure à l'eau bouillante, ensuite on la larde avec du gros lard, on la met cuire
dans une marmite ; quand elle est cuite, on ôte la peau, et
on fend la langue un peu plus de moitié dans sa longueur,
pour l'ouvrir en deux sans la séparer : on la met avec du bouillon, du sel, du gros poivre, un filet de vinaigre et du persil
haché.

Langue de bœuf en papillotte.

Vous faites cuire votre langue dans une marmite ; vous en
ôtez la peau, et vous la laissez refroidir ; vous la coupez en
tranches en forme de cœur. Vous préparez une sauce pareille
à celle que l'on emploie pour la cotelette de veau en papil-
lotte ; vous en mettrez une certaine quantité dessus et dessous
chaque tranche de langue qu'on empapillotte avec du papier
fort et bien huilé, on les fait griller sur un feu doux et on les
sert chaudes, dressées en miroton sur le plat.

Palais de bœuf.

Il faut d'abord le bien nettoyer et le faire cuire à l'eau ;
vous en enlevez ensuite la peau et les parties noires : vous passez de l'ognon sur le feu avec un morceau de beurre ; quand
l'ognon est à moitié cuit, vous y mettez le palais, et vous
mouillez votre ragoût avec du bouillon ; vous y ajoutez un
bouquet de persil, du sel, du poivre : la sauce assez réduite,
vous la dégraissez, et au moment de servir vous mettez un peu
de moutarde.

Palais de bœuf mariné.

Vous prenez deux palais de bœuf : lorsqu'ils sont cuits à l'eau
et épluchés, vous les coupez de la longueur et de la largeur
du doigt ; vous les faites mariner avec du sel, du poivre, une
gousse d'ail, du vinaigre, un peu de bouillon, un petit morceau de beurre manié de farine, une feuille de laurier, trois
clous de girofle : avant de mettre vos palais dans cette marinade, vous la ferez tiédir ; vous y laisserez vos palais pendant

deux ou trois heures ; vous les retirez ensuite pour les faire égoutter : vous les essuierez, vous les farinerez, vous les ferez frire, et vous les servirez avec du persil frit.

Gras double à la bourgeoise et à la sauce Robert.

Vous faites cuire votre gras double à l'eau, vous le net-toyez, vous le coupez de la grandeur de quatre doigts, et vous le faites mariner avec du sel, du poivre, du persil et de la ci-boule, et une pointe d'ail hachés, un peu de graisse de pot ou du beurre frais fondu ; vous faites tenir tout l'assaisonne-ment au gras double, vous le panez de mie de pain et vous le mettez griller : vous servirez avec une sauce piquante.

Rognon de bœuf à la bourgeoise.

On coupe son rognon en filets minces, on le passe sur le feu avec un morceau de beurre, sel, poivre, ciboule, une pointe d'ail, le tout haché très-menu ; quand il est cuit, on y met un filet de vinaigre ou de verjus, et un peu de coulis, et ayant soin de ne plus le laisser bouillir, de crainte qu'il ne se racornisse.

On peut encore servir le rognon cuit à la braise, avec une sauce piquante à l'échalotte.

Queue de bœuf à la Sainte-Menehould.

On la fait cuire dans du bon bouillon, mais entière, on la trempe par deux fois dans du beurre fondu, et on la pane aussi par deux fois ; on la fait griller d'une belle couleur, et pour sauce, on se sert du fond, qu'on fait réduire et qu'on clarifie.

Côte de bœuf à la royale.

Vous prenez un morceau d'entre-côte, la valeur de trois côtes ; vous la désossez, à l'exception d'une seule côte ; par ce moyen vous aurez une forte côtelette ; vous la piquerez de gros lardons bien assaisonnés, et la ferez braiser avec un jarret et un pied de veau, ognons, carottes, une gousse d'ail et très-peu d'aromates. Au bout de cinq à six heures, c'est-à-dire lors-qu'elle sera bien cuite, vous l'égoutterez sur un plat pour la faire refroidir entièrement ; vous la parerez légèrement, et la ferez réchauffer ensuite dans son fond clarifié et réduit, vous la changerez de temps en temps de côté, afin qu'elle prenne du goût et une égale couleur ; vous la dresserez sur le plat avec des ognons glacés autour ; et des carottes en bâtonnet.

Entre-côte au jus.

Le procédé pour ce mets est très-simple ; on prend la côte de bœuf qui se trouve sous le paleron, en la préparant de manière qu'il ne reste que l'os de la côte que l'on décharne ; on la bat ensuite pour l'amortir ; on trempe sa côte dans de l'huile ou du beurre ; après l'avoir assaisonnée de sel et de poivre, on la fait griller de manière qu'elle ne brûle pas ; mais qu'elle cuise à petit feu : selon l'épaisseur de votre côte, il faut une demi-heure ou trois quarts d'heure ; quand elle est cuite à son degré, on met des cornichons hachés dans du coulis roux clarifié, et on le verse sur l'entre-côte. Si on le juge à propos, on mettra à la place une cuillerée de jus.

Bœuf en miroton.

Coupez votre bœuf, cuit dans la marmite ou de la veille, en tranches fort minces ; mettez dans le plat sur lequel vous devez le servir, deux cuillerées de coulis avec de l'ognon ou du persil, de la ciboule, des câpres, des anchois, une petite pointe d'ail ou d'échalotte, le tout haché très-fin, auxquels vous ajouterez du sel et du gros poivre ; arrangez dessus vos morceaux de tranches de bœuf, et assaisonnez-les par-dessus comme vous avez fait par-dessous ; couvrez votre plat et faites-le bouillir à petit feu, sur un fourneau, pendant une demi-heure, plus ou moins, et servez à courte sauce.

Hachis de bœuf.

Faites rôtir un morceau de bœuf à la broche : l'entre-côte est préférable, vous le laissez refroidir et le hachez bien fin. Vous faites clarifier et réduire quelques cuillerées de coulis roux, et au moment de servir vous y jetez le bœuf haché ; vous le remettez sur le fourneau, prenant garde qu'il ne bouille ; vous y mettez deux onces de beurre frais, et le dressez chaudement sur un plat avec des œufs pochés ou mollets autour.

Noix de bœuf.

Tâchez que votre noix soit bien courte ; comme la viande en est sèche, piquez-la de gros lardons de lard bien assaisonnés. Ficelez-la ensuite, et servez-la avec des ognons et autres garnitures que vous jugerez le plus convenable à l'améliorer.

Poitrine de bœuf au naturel.

On désosse sa poitrine jusqu'au tendon ; on la ficelle et on la rend bien potelée ; ensuite on la fait cuire et on la sert avec du persil ou des légumes, au choix.

Bifteck de filet de bœuf.

Après avoir coupé le filet sur son plein, on le battra, on ôtera les tours et on ne laissera pas de peau. On fait en sorte que le bifteck soit un peu gras. Le morceau paré, on l'assaisonne de sel, de gros poivre ; on le trempe dans du beurre tiède ; on le fait griller au moment de le servir ; on met dessous ou une sauce piquante, ou une sauce au beurre d'anchois, ou un jus clair, suivant le goût. On peut ajouter à ces sauces, si bon semble, ou des cornichons, ou des pommes de terre crues sautées dans du beurre jusqu'à ce qu'elles aient une belle couleur ; on les poudre de sel et on en entoure le bifteck. Il faut surtout que le bifteck cuise à grand feu, c'est-à-dire qu'il soit saignant, afin que le jus se concentre.

Filet de bœuf piqué, à la broche.

Vous le dégraissez et le parez proprement ; vous le piquez de lard par-dessus, aux deux extrémités, er laissez le milieu sans être piqué, car il y a des personnes qui n'aiment point le lard. Vous le faites mariner pendant plusieurs jours avec de l'huile, ognons, persil, jus de citron, canelle et aromates; vous le troussez en forme d'un S ou en rond, et le faites cuire à la broche d'une belle couleur : vous mettez dessus une sauce hachée.

Filet d'aloyau braisé.

On lève le filet de l'aloyau et on ôte toute la graisse ; on couche ensuite le filet sur la table, on prend de gros lardons, dans lesquels on mettra du thym et du laurier hachés bien menu, des quatre épices, du sel et du poivre ; on pique le filet et on le ficelle dans la forme que l'on jugera plus convenable ; on mettra au fond de la casserole des bardes de lard, des tranches de veau et de bœuf, cinq ou six ognons, deux ou trois clous de girofle, du thym, du laurier, de la ciboule et un bouquet de persil ; on place ensuite le filet dans la casserole où est marquée la braise, on le couvre de lard, et on arrange quelques morceaux de viande à l'entour. On y verse deux ou trois cuillerées à pot de bon bouillon et peu de sel ; on fait bouillir la braise sur un fourneau, et on la met ensuite cuire à petit feu pendant six heures. On prend ensuite le fond du filet, on le fait clarifier et réduire, et on en forme une demi-glace claire, que l'on met dessous le filet de bœuf, après lui avoir donné une belle couleur. Si on le juge à propos, on peut y mettre autour des ognons glacés, lesquels on aura fait cuire avec une partie de ce fond, et gros comme une noisette de sucre. Si on veut que le filet de bœuf ait une meilleure apparence, on le fait refroidir et on le pare avec goût, on le fait rechauffer dans une partie du mouillement où il a cuit. On peut, de la même manière, le faire à la gelée, en ayant soin de mettre dans la braise un pied de veau, et en clarifiant le fond , que l'on met autour du filet de bœuf ,,paré et glacé proprement.

De la tranche de bœuf.

On se sert de la tranche pour tirer du jus et faire d'excellens potages, ainsi que du bœuf à la royale. On s'en sert aussi à garnir des braises.

Usage de la graisse et de la moëlle de bœuf.

La graisse sert à faire des farces, à nourrir des braises et à cuire des cardons d'Espagne : la moëlle, à faire des farces, des petits pâtés , des tourtes et crèmes à la moëlle, à nourrir des cardons et autres légumes.

DU VEAU.

Le veau est d'une grande utilité en cuisine : il fournit de quoi diversifier une table. Voici les parties dont on fait le plus d'usage : la tête , la cervelle, la langue, la fressure, qui comprend le mou, le cœur et le foie; la fraise, les pieds, les ris, la longe avec le quasi, la rouelle avec les jarrets , l'épaule, le collet, la poitrine, le tendon, la queue, les filets, le rognon, la moëlle dite amourette.

Tête de veau au naturel.

Après avoir coupé les mâchoires inférieures , on la fait dégorger pendant une nuit entière dans l'eau ; alors on la fait blanchir et cuire dans une eau blanche : quand la tête est cuite, on la fait égoutter ; on découvre la cervelle , et on la sert avec une sauce piquante. On peut aussi la servir avec d'autres sauces, comme celle à la poivrade, à la ravigotte, à l'italienne.

Tête de veau farcie.

Votre tête de veau bien blanche et bien échaudée, vous en enlevez la peau , en prenant garde de la couper; vous la désossez ensuite pour en prendre la cervelle, la langue, les yeux et les bajoues : vous faites une farce avec la cervelle, de la rouelle de veau, de la graisse de bœuf, le tout haché très-menu, que vous assaisonnez de sel, gros poivre, persil et ciboule hachés, une demi-feuille de laurier, thym et basilic réduit en poudre, vous y mettez deux cuillerées à bouche d'eau-de-vie, et vous la liez avec trois jaunes d'œufs et trois blancs fouettés. Vous épluchez la langue, les yeux dont vous ôtez le noir, les bajoues, après les avoir fait blanchir à l'eau bouillante; vous les coupez en filets ou gros dés, et vous les mêlez à votre farce : vous mettez la peau de la tête de veau sans être blanchie dans une casserole, les oreilles en-dessous, vous la remplissez avec votre farce, puis vous la cousez en la plissant comme une bourse; vous la ficelez tout autour en lui donnant sa forme naturelle; vous la mettez cuire ensuite dans un vaisseau juste de sa grandeur, avec un demi-setier de vin blanc, deux fois autant de bouillon, un bouquet de persil, ciboule, une gousse d'ail, trois clous de girofle, deux carottes, ognons, sel, poivre; vous la laissez cuire à petit feu pendant trois heures; lorsqu'elle est cuite, vous la mettez égoutter; vous l'essuyez bien, avec un linge, après l'avoir déficelée : vous passez une partie de sa cuisson au travers d'un tamis; vous y ajoutez un peu de coulis, si vous en avez, et vous y mettez un filet de vinaigre; vous la faites réduire au point d'une sauce que vous servez sur la tête.

Langue de veau.

Elle s'accommode comme la langue de bœuf.

Cervelles de veau frites à cru.

_ Après avoir fait dégorger quatre cervelles, on les coupe en quatre, sans les faire blanchir; on les assaisonne de sel, poivre et muscade; on les trempe dans du beurre fondu et on les pane avec de la mie de pain, on les trempe de nouveau dans de l'œuf entier, battu et assaisonné, et on les pane encore avec de la mie de pain : on les fait frire ensuite dans un plat à sauter, sur un feu modéré, de manière à ce que les cervelles aient le temps de cuire; lorsqu'elles sont cuites d'une belle couleur, on les égoutte sur un torchon blanc, et on les dresse sur le plat avec une poignée de persil frit par-dessus.

Cervelles de veau au beurre noir.

On prend trois ou quatre cervelles dont on lève la peau et les fibres; après les avoir bien épluchées, on les fait dégorger pendant plusieurs heures. On a une casserole d'eau bouillante, dans laquelle on jette une petite poignée de sel et un demi-verre de vinaigre; on met les cervelles blanchir à l'eau bouillante pendant cinq minutes; on les retire et on les laisse refroidir dans cette eau, afin qu'elles soient bien fermes. On les fait cuire dans une bonne marinade pendant trois quarts d'heure, et, au moment de servir, on met du beurre noir et du persil frit autour.

2

Cervelles à la sauce piquante.

On fait cuire les cervelles comme celles au beurre noir ; on les égoutte et on les met sur le plat, on les arrose ensuite d'une sauce piquante.

Oreilles de veau.

On les prépare de plusieurs façons, et elles se servent avec différentes sauces, quand elles sont cuites dans un blanc.

Oreilles de veau aux petits pois.

On les flambe sur un fourneau, et on les fait cuire dans un blanc : on manie un litron de pois verts et bien tendres avec un petit morceau de beurre, et on le passe un instant sur le fourneau ; on le mouille ensuite avec de l'espagnole et quelques cuillerées de consommé, un bon bouquet de persil et très-peu de sucre ; on le fait cuire ainsi pendant une heure, en ayant bien soin de le dégraisser. Au moment de servir, on égoutte les oreilles de veau, on les met sur le plat, légèrement ciselées, de manière qu'elles fassent le panache, et au milieu on met le ragoût de petits pois à courte sauce. Si on le juge à propos, on peut mettre dans les pois des morceaux de petit lard mais peu de sel.

Oreilles de veau en marinade.

On les fait cuire dans un blanc, et, au moment de servir, on les égoutte et on les partage en deux, on les trempe dans une pâte ; on les fait frire d'une belle couleur, on les dresse avec du persil frit au milieu.

Oreilles de veau à la tartare.

Après avoir fait blanchir à l'eau bouillante quatre oreilles de veau, vous les fendrez par le gros bout, sans les séparer, et pour les faire tenir ouvertes, vous passerez à chacune une brochette en travers ; vous les ferez cuire comme les précédentes, et, lorsqu'elles seront bien égouttées, vous les tremperez dans du beurre et les panerez. Vous les ferez griller en les arrosant légèrement avec le reste du beurre où vous les aurez trempées ; quand elles seront de belle couleur, vous les servirez avec une sauce claire faite avec un peu de bouillon, du verjus, des échalottes hachées, du sel et gros poivre.

Fressure de veau.

Vous coupez la fressure par morceaux ; vous la faites dégorger dans l'eau froide et blanchir un moment à l'eau bouillante; vous la mettez ensuite dans une casserole, avec un morceau de bon beurre, un bouquet garni, sel et poivre; passez-la sur le feu; mettez une pincée de farine, et mouillez avec du bouillon. Le ragoût cuit, vous y ajoutez une liaison de trois jaunes d'œufs délayés avec un peu de lait, vous faites lier sur le feu, et au moment de servir vous y versez un peu de verjus.

Foie de veau à la broche.

Avant de le mettre à la broche, on le pique de petit lard, et on le sert avec une sauce au petit-maître dessous.

Foie de veau braisé.

On le pique de gros lardons, et on le fait cuire à la braise, comme la langue de bœuf; on le sert aussi avec la même sauce.

Foie de veau à la bourgeoise.

On prend un foie de veau que l'on coupe par tranches et que l'on met dans la casserole, avec de l'échalotte, du persil, de la ciboule hachés, et un morceau de bon beurre; on les passe sur le feu, et on y met une pincée de farine; on mouille avec un verre de vin blanc, sel et gros poivre. On délaie trois jaunes d'œufs avec deux cuillerées de verjus; et lorsque le foie va commencer à bouillir, on le retire du feu et on le lie avec les trois jaunes d'œufs.

Foie de veau à la poêle.

Vous ôtez les nerfs de votre foie; vous le coupez en tranches de l'épaisseur d'un doigt; vous mettez fondre du beurre dans une poêle; vous faites cuire dedans vos morceaux de foie que vous assaisonnez de sel et de poivre. Quand ils sont cuits d'un côté, vous les retournez pour qu'ils cuisent de l'autre; ensuite vous les retirez de la poêle. Vous hachez du persil, de la ciboule, de l'échalotte, une gousse d'ail; vous mettez ces fines herbes dans le beurre; vous remuez la poêle de temps à autre, jusqu'à ce qu'elles soient cuites; vous y jetez une pincée de farine, et vous mouillez votre sauce avec un demi-setier de vin; vous la laissez bouillir un instant, et, au moment de servir, vous y versez un filet de vinaigre.

Fraise de veau au naturel.

On la fait blanchir et cuire dans un blanc de farine, comme il est dit pour la tête de veau, et on la sert de même. On peut aussi la servir avec toutes sortes de sauces. On la dégraisse, on la coupe par bouquets, puis on la fait bouillir à petit feu dans la sauce que l'on veut y mettre.

Fraise de veau frite.

Quand elle est cuite, on la dégraisse, on la coupe par petits morceaux, on la trempe dans une pâte à frire et on la sert avec du persil frit.

Pieds de veau au naturel

Les pieds de veau se font cuire de même que la fraise : pour les servir au naturel, on les fait égoutter, et on les met sur la table bien chauds, avec du sel, du gros poivre, du vinaigre et des fines herbes.

Pieds de veau à la Sainte-Menehould.

On fend par le milieu des pieds de veau bien échaudés ; on les ficelle, et on les met cuire dans une bonne braise. Lorsqu'ils sont cuits, et qu'il n'y a plus que peu de sauce, on les fait refroidir à moitié ; on les retire pour les paner de mie de pain, qu'on arrose avec la graisse de la braise ; on les fait griller de belle couleur, et on les sert pour hors-d'œuvre.

Pieds de veau frits.

On les fait cuire après les avoir désossés ; ensuite on les fait mariner dans du poivre, du sel et un peu de vinaigre. Au moment de les servir, on les égoutte, et on les fait frire d'une belle couleur dans une pâte. Servez chaud.

Ris de veau.

Les ris de veau sont un manger très-délicat ; de plus ils entrent dans une infinité de ragoûts. On les fait dégorger dans de l'eau tiède, on les fait blanchir un demi-quart-d'heure dans l'eau bouillante, puis on les met dans tels ragoûts qu'on juge à propos.

Ris de veau aux fines herbes.

Vous hacherez très-menu un peu de fenouil, persil, une petite gousse d'ail, deux échalottes ; vous maniez ces herbes avec gros comme la moitié d'un œuf de bon beurre, sel fin, gros poivre. Vos ris blanchis, vous les piquez en plusieurs endroits par-dessus, pour y faire entrer votre préparation, vous mettez les ris dans une casserole avec des bardes de lard par-dessus, un demi-verre de vin blanc, autant de bouillon ;

vous les mettez cuire à petit feu pour qu'ils ne fassent que mijoter. Quand ils sont cuits, vous dégraissez la sauce, qui doit être courte : si vous pouvez ajouter une cuillerée de coulis à la sauce, elle n'en sera que meilleure.

Ris de veau frits.

Faites une marinade avec gros comme la moitié d'un œuf de beurre manié de farine, un demi-verre de vinaigre, un grand verre d'eau, clous de girofle, gousse d'ail, échalottes, ciboules, persil, laurier, thym, basilic, sel et poivre; faites tiédir la marmite, en remuant le beurre jusqu'à ce qu'il soit fondu; mettez-y ensuite vos ris de veau; et ôtez-les du feu pour les laisser mariner une heure et demie ou deux heures; faites-les égoutter, essuyez-les avec un linge, farinez-les et faites-les frire de belle couleur. Servez-les avec du persil frit autour.

Ris de veau piqués.

On les pique; on les fait cuire au four dans une bonne réduction, pendant trois quarts-d'heure, on les glace d'une belle couleur, et on les met sur de l'oseille ou de la chicorée à la crème.

Du rognon de veau.

Le rognon de veau ne se sert pas de la même manière que celui de mouton, parce qu'on le laisse au morceau dont il dépend, et que l'on fait rôtir le tout ensemble.

Longe de veau.

La longe de veau se sert pour grosse pièce du milieu. On la fait cuire à la broche, enveloppée de papier, et on la sert avec une poivrade dessous. Pour qu'elle soit meilleure, on pique le dessus de petit lard.

Quasi de veau.

Il ne s'emploie, dans les grandes cuisines, que pour les consommés, le blond de veau et l'empotage.

A l'égard des cuisines bourgeoises, on peut mettre du beurre dans une casserole, le faire cuire avec des carottes, des ognons, une feuille de laurier, deux verres de bouillon, le faire mijoter pendant une heure et demie ou deux heures, et on le sert avec des légumes. On le met quelquefois à la broche.

Quasi glacé.

Pour le glacer, on le pique de petit lard, et on le fait cuire comme le fricandeau.

Quasi à la daube.

On l'assaisonne et on le fait cuire comme le dindon en daube.

Poitrine de veau en fricassée de poulets.

Pour l'accommoder de cette façon, il faut la faire dégorger et blanchir auparavant.

Poitrine de veau farcie.

Après avoir coupé le bout des os des côtes qui se trouvent dans la poitrine, on fait une incision entre la peau et les côtes; alors on met, entre cette peau et les côtes, telle farce de viande que l'on jugera à propos; on coud la peau, afin que la farce ne puisse s'écouler; on la sert avec telle sauce ou ragoût de légumes que l'on veut, comme à la farce, aux laitues, aux petits pois, aux cornichons, aux racines, etc.

Poitrine aux choux et au lard.

Vous faites blanchir un chou et un morceau de petit lard coupé en tranches tenant la couenne; vous ficelez l'un et l'autre à part; vous y joignez votre poitrine de veau coupée par morceaux et blanchie, et vous faites cuire le tout ensemble avec du bouillon : n'y mettez point de sel à cause du lard. Quand tout est cuit, vous retirez le chou et la viande que vous dressez dans un plat; vous dégraissez le bouillon; vous y mettez un peu de coulis, et vous faites réduire la sauce, si elle est trop longue; si en la goûtant vous la trouvez trop salée, ôtez-en l'âcreté avec un peu de sucre; versez la viande.

Poitrine de veau à l'allemande.

Après l'avoir fait blanchir, vous la mettez cuire entière avec un peu de bouillon, un demi-verre de vin blanc, un bouquet garni, sel, poivre; quand elle est cuite, vous la dressez sur un plat, en reversant la peau sur les côtes, pour laisser les tendons à découvert; vous versez par-dessus une sauce allemande; vous faites ensuite bouillir encore un instant, et vous y mettez un peu de gros poivre.

Poitrine à la braise.

Il faut la faire cuire dans une bonne braise, bien assaisonnée, et vous la servez avec telle sauce ou tel ragoût que vous jugez à propos.

Poitrine au coulis de lentilles ou de pois.

La poitrine coupée par morceaux de la longueur d'un doigt, vous la faites blanchir, puis cuire avec du bouillon, une demi-livre de lard coupé en tranches, un bouquet garni, un peu de sel : pendant qu'elle cuit, vous préparez votre purée de lentilles ou de pois secs, que vous verdissez avec une poignée d'épinards cuits à l'eau et pilés ; vous passerez la purée avec la cuisson des tendons pour lui donner du corps, et vous y mettez les tendons et le lard : si la purée est trop claire, vous ferez réduire.

Tendons de veau aux tomates.

Vous préparez les tendons entiers formant demi-cercle, c'est-à-dire les tendons de deux poitrines que vous ne couperez pas ; vous les ferez cuire comme les mets dits à la poële : au moment de servir, vous les égouttez, les glacez et les dressez sur le plat, de manière à figurer le bord d'une tourte : vous versez dans le milieu une sauce tomate.

Tendons de veau en haricot vierge.

On lève les tendons d'une poitrine de veau, et on les fait dégorger et blanchir. On les fait cuire entre deux bardes de lard, dans un bon fond, et lorsqu'ils sont cuits (ce que l'on connaît quand les tendons sont flexibles), on les égoutte sur un plafond, et on met par-dessus un couvercle de casserole, avec un poids, pour leur faire prendre une belle forme ; on les pare et on les met dans un plat à sauter avec son fond clarifié et réduit : on fait blanchir ensuite une cinquantaine de petits navets gros comme des olives ; on les fait cuire dans du consommé et un peu de sucre ; on les lit avec une béchamelle bien blanche ; on dresse les tendons en miroton, et on met les navets au milieu.

Carré de veau.

Ce morceau s'emploie en bien des façons : on le coupe par têtes, on ôte les os du bas, mais on laisse la côte : on sert cuit sur le gril, comme les côtelettes de mouton.

Carré de veau à la bourgeoise.

On pare un carré de veau et on pique le filet avec des lardons de lard assaisonnés d'un bon goût et de fines herbes ; on le met dans une braisière avec une carotte, un ognon en tranches, et un bouquet garni ; on le mouille avec une cuillerée à pot de bon consommé ; on le couvre de bardes de lard, et on le fait cuire ainsi pendant deux heures et demie ; on le change de braisière, et on passe son fond par-dessus, lequel on fait réduire à courte sauce, afin que le carré de veau glace d'une belle couleur : on le sert sur de la chicorée ou de l'oseille, enfin avec ce que l'on juge à propos.

Côtelettes de veau à la lyonnaise.

Coupez par côtelettes un carré de veau ; appropriez-les, larlez-les d'anchois, de lard, de cornichons ; assaisonnez de sel, gros poivre ; faites-les mariner avec de l'huile, peu de sel, persil, ciboule, échalottes ; faites-les cuire à petit feu dans leur marinade entre deux bardes de lard, et servez-les avec une sauce faite avec persil, ciboules et échalottes hachés, sel, gros poivre, un bon morceau de beurre manié de farine, une cuillerée d'huile fine, deux cuillerées de bouillon : après que cette sauce sera liée sur le feu, vous y mettrez un jus de citron.

Côtelettes de veau en papillottes.

On coupe les côtelettes un peu minces, on les met dans des carrés de papier blanc avec sel, poivre, persil, champignons, échalottes, le tout haché très-fin, et du beurre : on entortille le papier autour de la côtelette dont on laisse sortir le bout : on huile le papier en-dehors ; on les fait cuire à petit feu sur le gril, après avoir mis une feuille de papier huilée dessous les côtelettes : on les sert avec le papier qui les enveloppe.

Côtelettes grillées panées.

On pare les côtelettes et on les assaisonne avec un peu de sel et de gros poivre, après on fait tiédir un morceau de beurre, on trempe dedans chaque côtelette : sortant du beurre, on les mettra dans une casserole où sera la mie de pain ; on les tournera dedans ; on les en sortira pour y mettre encore de la mie de pain. Une demi-heure avant de servir, on les mettra sur un gril à un feu doux, afin que la mie de pain ne prenne pas trop de couleur ; quand elles sont cuites, on les dresse et on met un jus clair dessous.

Côtelettes de veau au petit lard.

Coupez par tranches un quarteron de petit lard ; faites-le un peu rissoler dans gros comme un œuf de beurre ; mettez alors des côtelettes de veau, que vous ferez cuire à petit feu, de manière qu'elles rissolent dans le beurre ; ayez soin de les retourner de temps en temps jusqu'à ce qu'elles soient cuites ; ôtez-les ainsi que le lard de la casserole pour les mettre sur un plat : ne laissez dans la casserole que moitié de la graisse, et mettez-y deux échalottes et une pincée de persil hachés, peu de sel, gros poivre ; mouillez avec un demi-verre de vin blanc, et autant de bouillon et d'eau ; faites réduire à moitié ; remettez dans votre réduction les côtelettes et le lard, en ajoutant une liaison de trois jaunes d'œufs délayés avec deux cuillerées de bouillon ; faites lier sur le feu sans bouillir, et versez dessus un filet de vinaigre.

Côtelettes de veau à la poêle.

Il faut couper le collet par côtes, ôter les os et ne laisser que la côte. Vous mettez alors vos côtelettes dans une casserole avec du lard fondu, persil, ciboule, un peu de truffes, le tout hachés très-fin, sel, poivre, une tranche de citron, sans la peau ; vous les couvrirez avec une barde de lard, et vous les ferez cuire à petit feu sur de la cendre : quand elles seront cuites, vous les ôterez de la casserole, vous les essuierez de leur graisse ; vous les dresserez sur le plat : vous ôterez la tranche de citron de la sauce ; vous y mettrez un peu de coulis ; vous la remettrez un instant sur le feu, et vous la verserez sur les côtelettes.

Côtelettes de veau à la cuisinière.

Les côtelettes appropriées, on met dans le fond d'une casserole un quarteron de petit lard coupé en tranches, un peu de beurre et les côtelettes par-dessus ; on les fait cuire à petit feu dans leur jus en les retournant souvent ; lorsqu'elles sont cuites, on les dresse sur un plat, les morceaux de lard par-dessus. On met dans leur cuisson une liaison de trois jaunes d'œufs, du bouillon, du persil blanchi haché, une échalotte hachée, on détache tout ce qui peut tenir à la casserole ; on fait lier sur le feu, et on met un filet de vinaigre, un peu de gros poivre et un peu de sel, si le lard n'a point assez salé ; on verse la sauce sur les côtelettes.

Epaule de veau.

On fait rôtir ordinairement l'épaule de veau ; on l'embroche sous le manche, en faisant passer la broche dans la palette. Il faut deux heures pour la cuire à son point.

2 ..

Epaule de veau à la bourgeoise.

On met l'épaule de veau dans une terrine avec un demi-
setier d'eau, deux cuillerées de vinaigre, sel, gros poivre,
persil, ciboules, deux gousses d'ail, une feuille de laurier,
deux ou trois ognons coupés en tranches, deux clous de girofle
et un morceau de bon beurre : on couvre la terrine avec un
couvercle, et on bouche les bords avec de la farine délayée
avec un peu d'eau; on la met cuire au four pendant trois
heures; ensuite on dégraisse la sauce pour la passer au tamis,
et on la verse sur l'épaule.

Noix de veau en papillottes.

On lève une noix de veau et on en ôte toutes les parties ner-
veuses, c'est-à-dire ce qui la couvre; on la pique de lardons
bien assaisonnés; on la fait mortifier pendant plusieurs jours
dans des fines herbes hachées et trois quarterons de beurre
fondu et clarifié à moitié, le tout assaisonné d'un bon goût;
on l'enveloppe ensuite dans sept à huit feuilles de papier blanc
huilées, et on la fait cuire pendant trois bonnes heures dans
un four un peu doux, ou sur un gril couvert d'un four de
campagne. Au moment de servir, on l'ouvre avec des ciseaux,
et on met dedans une italienne rousse.

Noix de veau aux truffes.

On unit trois noix de veau en ôtant légèrement la viande
qui les dépare; on les larde partout de lardons et de truffes
maniés ensemble avec du sel fin, du persil, de la ciboule et
des truffes hachés; on les fait cuire avec de bon bouillon; ensuite on dégraisse la sauce; on y met deux cuillerées de coulis;
on fait réduire de manière qu'elle ne soit ni trop courte, ni
trop longue, et on la verse sur les noix de veau.

Blanquette de veau à la bourgeoise.

On fait cuire à la broche un carré de veau ou une petite
longe; lorsqu'elle est cuite à forfait et refroidie, on en lève
adroitement le filet, lequel on met en petits morceaux comme
une pièce de deux sous; on la met ensuite dans une casserole,
entre deux bardes de lard, et on la fait chauffer pendant une
demi-heure dans une étuve au bain-marie. On fait clarifier
et réduire deux cuillerées à pot de coulis blanc ou velouté,
avec un peu de consommé, on le lie avec trois jaunes d'œufs,
et on ajoute à cela un bon quarteron de beurre frais. le jus
d'un citron, et une pincée de persil blanchi: on jette la vian-

quette de veau dans cette sauce et on la sert chaudement avec des croûtons autour. On peut, si on le juge à propos, la mettre dans un vol-au-vent.

Fricandeau.

On lève avec dextérité la noix du cuissot de veau ; on fait en sorte que ce soit un veau femelle, afin que cette noix soit couverte de graisse appelée tétine. On la pique dans le sens de la viande avec de gros lardons de lard bien assaisonnés ; on l'enveloppe de lard, et on la met dans une braisière avec toutes sortes de légumes et un bon bouquet. On la mouille avec du bon consommé et on la fait bouillir pendant quatre heures. On la dépouille de son lard et on la met ensuite dans une autre braisière, en dégraissant son fond et en le passant par dessus avec un tamis de soie : on fait ensuite réduire ce fond sur un fourneau un peu vif, et lorsque cette réduction est un peu liée, on retourne de toutes les façons la noix, pour lui donner une couleur égale. On la sert ensuite sur de l'oseille, ou de la chicorée à la crème, enfin, avec ce qu'on juge à propos. Une noix de veau étant sur la table, doit être coupée avec une cuillère et non avec un couteau, et à contre sens du fil de la viande.

Moelle de veau dite Amourette.

La moëlle se sert marinée et frite pour entre-mets. (VOYEZ *Cervelles de veau frites.*)

Queue de veau en hochepot.

Elle s'accommode comme la queue de bœuf, à la seule différence qu'on met les légumes en même temps que la viande, parce que le veau n'est pas dur à cuire.

Queue de veau à la Sainte-Menehould.

Voyez *Queue de bœuf*, la manière de l'arranger étant la même.

Queue de veau aux choux, à la bourgeoise.

On prend deux ou trois queues de veau, que l'on coupe en deux ; on les fait blanchir un instant avec une demi-livre de petit lard coupé en tranches ; après on fera aussi blanchir la moitié d'un gros choux coupé en morceaux ; quand il aura blanchi un quart-d'heure, on le retire à l'eau fraîche et on le presse bien ; on ôte les trognons et on les ficelle. On met les queues dans une marmite avec le petit lard ficelé et les choux, un bouquet de persil, ciboule, de la muscade; on les mouille avec du bouillon, un peu de sel, gros poivre. On fait bouillir à petit feu jusqu'à ce que les queues soient cuites. On retire le tout de la marmite pour l'égoutter et essuyer de sa graisse. On dresse les queues, entremêlées de choux, le petit lard par-dessus, on saucera avec un peu d'espagnole réduite et d'un bon goût.

Queues de veau à la braise.

Les queues de veau, cuites à la braise, comme la langue de bœuf, se mettent aussi avec différens ragoûts de légumes.

Cuissot de veau.

Le cuissot de veau qui comprend la rouelle et le jarret, est, pour ainsi dire, le fondement de la cuisine, puisque l'on en tire le jus de veau, les restaurans, les coulis et toutes sortes de sauces, et qu'il sert à donner du corps à diverses braises, et à faire des farces, des pâtés gros et petits; et beaucoup d'entrées de différentes façons.

Rouelle de veau à la couenne.

Coupez par morceaux en tranches de la rouelle de veau que vous piquerez de lard, assaisonnez de sel, poivre, persil, ciboule, échalotte, pointe d'ail, le tout haché. Prenez de la couenne de lard nouveau; coupez-la aussi par morceaux, mettez dans une terrine un lit de tranches de veau et un lit de couennes. Continuez jusqu'au bout; mouillez ensuite avec un verre d'eau et autant d'eau-de-vie; faites cuire quatre ou cinq heures sur des cendres chaudes, et servez comme du bœuf à la mode.

Rouelle de veau à la crême.

Votre rouelle coupée en morceaux de la grosseur d'un œuf, vous lardez chaque morceau en travers avec du gros lard assaisonné de sel, fines épices, persil, ciboule et champignons hachés. Vous la mettrez dans une casserole avec un peu de beurre; vous la passerez sur le feu; vous mettrez alors une bonne pincée de farine mouillée avec du bouillon et un verre de vin blanc : votre rouelle cuite et la sauce bien réduite, vous ajouterez une liaison de trois jaunes d'œufs délayés avec de la crème que vous ferez lier sur le feu.

Rouelle de veau entre deux plats.

Vous prendrez le plus épais morceau de rouelle que vous pourrez; vous le larderez de gros lard, avec persil, ciboule, champignons, pointe d'ail, le tout haché, sel et poivre. Vous mettrez votre veau dans une casserole bien couverte : vous le ferez cuire à très-petit feu, dans son jus avec un ognon, deux racines; vous dégraisserez le peu de sauce qu'il aura rendu, et vous la servirez sur le veau.

Veau en paupiettes.

On coupe des tranches de veau de la largeur de deux doigts et de la longueur au moins de trois doigts; on les aplatit avec le couperet de l'épaisseur d'un petit écu ; on couvre chaque tranche avec de la farce de godiveau ou autre farce de viande, et on la roule ; on entoure les paupiettes de bardes de lard, on les ficelle, et on les met cuire à la broche enveloppées de papier. Quand elles sont cuites, on pane le dessus des bardes, on leur fait prendre une couleur dorée avec un feu clair, et on les sert avec une sauce d'un jus clair.

DU MOUTON.

Les meilleurs moutons et les plus estimés sont ceux du Pré-Salé et ceux des Ardennes : quoique fort petits, ils sont d'une chair tendre et d'un goût excellent. Les moutons bien nourris et dont la chair est noire, sont les meilleurs. Les aromates conviennent assez au mouton bouilli.

Les parties du mouton le plus en usage en cuisine sont · le gigot, le carré, l'épaule, le collet ou bout saigneux, les rôts de biff, la poitrine, le filet, la langue, les rognons, les pieds, les rognons extérieurs, la queue.

Cervelles de mouton.

Les cervelles de mouton se préparent, s'arrangent et se font cuire comme les cervelles de veau.

Carré de mouton.

On le sert sur le gril, coupé en côtelettes : on trempe ses côtelettes bien parées dans du beurre fondu, sel, poivre; on les pane de mie de pain et on les fait cuire sur le gril. Pendant qu'elles cuisent, on les arrose avec un peu de beurre, pour qu'elles ne soient pas si sèches. Quand elles seront cuites, on les servira avec un jus clair.

Carré de mouton à la poivrade.

On pare deux carrés de mouton et on les pique de lard, on les fait mariner un ou deux jours dans un demi-verre d'huile, le jus d'un citron, sel, poivre, aromates, deux ognons en tranches et du persil en branches. Une heure avant de servir, on les fait cuire à la broche, et on les glace d'une belle couleur : on sert avec une poivrade dessous.

Carré de mouton à l'anglaise aux lentilles..

Votre carré de mouton coupé en côtelettes, vous le faites cuire avec du bouillon, peu de sel, un bouquet garni : vous le mettez ensuite dans une terrine qui aille sur le feu, avec moitié du coulis que vous aura produit un litron de lentilles, et que vous ne tiendrez pas trop clair; vous couvrirez avec de la mie de pain grillée d'un côté ; vous mettrez ensuite bouillir votre terrine pendant une heure dans le four. Quand vous serez prêt à servir, vous verserez dans la terrine le restant du coulis.

Carré de mouton au persil.

On coupe proprement un carré de mouton en levant les peaux qui se trouvent sur les filets; on pique tout le carré avec du persil en branches et bien vert, puis on le fait cuire à la broche ; lorsque le persil est bien sec, on arrose le rôti avec du sain-doux chaud ; on continue de l'arroser jusqu'à ce qu'il soit cuit : on met un peu de jus dans une casserole avec quelques échalottes hachées, sel, gros poivre, et on sert cette sauce chaude sous le carré.

Carré de mouton en crépine.

Coupez en tranches environ dix ou quinze ognons, selon qu'ils sont gros; passez-les sur le feu avec un morceau de beurre, en les remuant souvent jusqu'à ce qu'ils soient cuits à forfait : coupez un carré de mouton en côtelettes, et faites les cuire à petit feu avec du bouillon, un peu de sel et du gros poivre; lorsqu'elles sont cuites, faites réduire la sauce jusqu'à ce qu'elle s'attache toute après les côtelettes; retirez-les alors de la casserole, et faites détacher ce qui y reste avec un demi-verre de bouillon ; passez cette petite sauce dans un tamis pour la mettre avec les ognons et trois jaunes d'œufs; faites-les lier sur le feu sans bouillir, de crainte que la liaison ne tourne: prenez alors de la crépine, que vous aurez dans de l'eau : pressez-la bien pour la couper en autant de morceaux que vous avez de côtelettes; étendez sur chaque crépine une des côtelettes avec de l'ognon autour de la côtellette ; enveloppez le tout avec la crépine, et soudez-en tous les bords avec de l'œuf battu pour les paner de mie de pain ; arrangez vos côtelettes sur un plat qui aille sur le feu ; arrosez tout le dessus avec de la graisse ou de l'huile d'olive ; mettez votre plat au four ou dessous un couvercle de tourtière ; jusqu'à ce que vos côtelettes aient pris une couleur dorée ; en les retirant mettez les égoutter sur un linge, et au moment de servir, mettez sous les côtelettes une sauce faite avec un demi-verre de vin blanc, autant de bouillon, un peu de jus, du sel, du poivre, et que vous ferez réduire à moitié.

Carré de mouton à la Conti.

Vous approprierez un carré de mouton en levant les peaux qui se trouvent sur un filet : vous couperez en lardons un quarteron de petit lard bien entrelardé et deux anchois lavés, que vous aurez maniés avec un peu de gros poivre, deux échalottes, persil, ciboule, trois feuilles d'estragon, hachés, trois feuilles de basilic en poudre, vous larderez tout le filet avec le lard et les anchois; vous mettrez votre carré avec toute la fourniture dans une casserole ; vous mouillerez avec un verre de vin blanc et autant de bouillon ; vous ferez cuire à petit feu ; vous dégraisserez ensuite la sauce dans laquelle vous ajouterez gros comme une noix de beurre manié avec une pincée de farine ; vous ferez lier la sauce et vous la servirez sur le carré.

Côtelettes de mouton a la poêle.

Vous mettez vos côtelettes dans une casserole avec un morceau de bon beurre ; vous les passez sur un feu modéré en les retournant de temps en temps, jusqu'à ce qu'elles soient cuites ; vous les retirez de la casserole pour les égoutter de leur graisse : vous laissez environ une demi-cuillerée de graisse dans la casserole ; vous y versez un verre de bouillon et vous y mettez en même temps du sel, du gros poivre et de l'échalotte hachée ; après que vous aurez fait détacher en bouillant ce qui tient à la casserole, vous y remettrez les côtelettes avec trois jaunes d'œufs ; vous ferez lier sans bouillir, et en servant vous mettrez dans la sauce un peu de muscade et un filet de vinaigre.

Côtelettes de mouton à là Soubise.

De deux carrés de mouton, on en forme dix côtelettes, à chacune desquelles on laisse seulement un os : on ne les pare pas et on les pique de lard bien assaisonné ; on les fait cuire dans une bonne braise, et, au bout de quelques heures, lorsque l'on voit qu'elles sont cuites, on les retire et on les met sur un plafond avec un couvercle et un poids par-dessus, pour leur faire prendre une belle forme; lorsqu'elles sont bien froides, on les pare promptement et on les met dans un plat à sauter, avec son fond que l'on fait clarifier et réduire. Au moment de servir, on les dresse en miroton, avec un cordon de petits ognons glacés autour, et une purée d'ognons blancs au milieu. Pour faire cette purée, on émince une dizaine d'ognons blancs et on les fait blanchir; on les fait cuire à petit feu, dans du beurre et une petite lame de jambon; on les mouille avec du coulis blanc, et on les fait réduire avec une chopine de bonne crème; quand elle est assez réduite, on la passe à l'étamine.

Côtelettes de mouton sautées.

On ôte de ses côtelettes la peau et les os, excepté l'os de la côte, en leur donnant une forme ronde du côté du filet; on fait en sorte de les approprier tellement qu'on puisse prendre la côtelette avec les doigts sans toucher à la viande; on les met dans le sautoir et on les assaisonne; l'on verse dessus du beurre tiède. Au moment du service, l'on place le sautoir sur un feu modéré, ayant soin de tourner les côtelettes; pour les cuire à propos, cinq ou six minutes suffisent; lorsqu'elles sont fermes, on les retire du feu et on les sert chaudement avec une demi-glace.

Côtelettes de mouton grillées panées.

On prépare les côtelettes comme celles ci-dessus; après les avoir assaisonnées de sel, de gros poivre, on les trempe dans du beurre tiède; quand elles en seront imbibées, on les saupoudrera de mie de pain, ayant soin qu'elles en prennent suffisamment; on les dépose ensuite sur un couvercle de casserole, en y remettant de la mie de pain dessus et dessous; un quart-d'heure avant de les servir, on les met sur le gril, à un feu un peu chaud; il faut avoir soin surtout que les côtelettes ne cuisent pas trop et que la mie de pain ne brûle. On les dresse avec un jus clair dessous.

Côtelettes de mouton au gratin.

Vos côtelettes passées sur le feu avec un peu de lard fondu ou du beurre, persil, ciboule et échalottes hachés, et cuites à petit feu avec un mouillement de bouillon assaisonné de sel, gros poivre, vous dégraissez la sauce et y mettez un peu de coulis : pour lier cette sauce, vous couvrez, de l'épaisseur d'un petit-écu, tout le fond d'un plat, d'un petit gratin fait avec une poignée de mie de pain passée à la passoire, mêlée avec gros comme la moitié d'un œuf de beurre, trois jaunes d'œufs, un peu de persil et de ciboule hachés très-fin et peu de sel; vous mettez ce plat sur de la cendre chaude pour que ce gratin s'attache après; quand il y est bien attaché, vous en égouttez le beurre qu'il y a de trop, et vous servez dessus vos côtelettes. On peut servir de cette façon plusieurs sortes de ragoûts.

Côtelettes de mouton à la ravigote.

Lorsque vous aurez fait cuire vos côtelettes comme les précédentes, en mettant une pincée de farine avant de mouiller avec du bouillon, et un bouquet garni au lieu de fines herbes hachées, vous dégraisserez la sauce; vous délaierez trois jaunes d'œufs et des herbes à ravigote pilées très-fin avec de cette sauce; vous mettrez cette liaison dans la casserole; vous ferez lier la sauce sans bouillir; vous dresserez votre viande et verserez la sauce dessus.

Côtelettes de mouton à la purée de navets.

On fait mariner les côtelettes avec du sel, du poivre, un peu de graisse de pot ou d'huile, on les fait griller en les arrosant avec le restant de la marinade, et on les sert sur de la purée de navets ou toute autre.

Epaule de mouton en ballon.

On désosse et on l'arrondit; on la fait tenir à force de ficelles, puis on la met cuire, comme la langue de bœuf, dans une bonne braise, bien assaisonnée; quand elle est cuite et bien essuyée de sa graisse, on la sert avec telle sauce ou purée que l'on veut.

Epaule de mouton à l'eau.

Ce plat s'accommode comme le gigot à l'eau.

Epaule de mouton à la broche.

Cuite de cette façon, on la sert avec une sauce à la ciboulette ou à l'échalotte, un ragoût de chicorée ou de laitue.

Epaule de mouton à la roussie.

Elle s'accommode comme le carré de mouton au persil.

Épaule de mouton à la Sainte-Menehould.

Prenez une épaule de mouton que vous désosserez et ferez cuire dans une bonne braise, avec un peu de bouillon, un bouquet de persil, des ciboules, une gousse d'ail, deux ou trois clous de girofle, une feuille de laurier, du thym, des ognons, des racines, du sel et du poivre; quand elle est cuite, vous l'ôtez de la casserole, vous l'égouttez et la dressez sur le plat que vous devez servir, vous mettez dessus un peu de coulis bien assaisonné et bien réduit, et vous la panez avec de la mie de pain bien fine; vous délayez trois jaunes d'œufs avec un peu de beurre fondu et en arrosez l'épaule que vous panez encore; vous la mettez dans un four de moyenne chaleur et l'arrosez de temps en temps avec du beurre fondu; lorsqu'elle a une belle couleur, servez-la avec un fond clarifié et réduit.

Épaule de mouton au four.

Lardez, si vous voulez, une épaule de mouton avec du petit lard; mettez dans le fond d'une terrine proportionnée à la grandeur de l'épaule, deux ou trois ognons en tranches, un panais et une carotte coupés en zestes, une gousse d'ail, deux clous de girofle, une demi-feuille de laurier, quelques feuilles de basilic, un bon demi-setier d'eau, ou mieux de bouillon, sel, poivre (si l'épaule est lardée, il faut moins de sel); mettez l'épaule dessus et faites-la cuire au four : passez-en ensuite la sauce au tamis, et pressez-en fort les légumes pour qu'ils fassent une petite purée claire et lient la sauce; dégraissez cette sauce et servez-la dessus l'épaule.

Saucisson d'une épaule de mouton.

Désossez à forfait une épaule de mouton; étendez-la le plus que vous pourrez; mettez dessus une farce de godiveau de l'épaisseur d'un petit écu; arrangez sur cette farce des cornichons et du jambon coupés en filets, remettez un peu de farce dessus, seulement pour les faire tenir; roulez l'épaule, enveloppez-la bien serrée dans un linge, et faites-la cuire avec un peu de bouillon, un bouquet garni, ognons, carottes, panais, sel, poivre : la cuisson faite, passez la sauce au tamis après l'avoir dégraissée; faites-la réduire si elle est trop longue, et mettez-y une cuillerée de coulis pour la lier : versez-la ensuite sur l'épaule.

Collet de mouton.

On le fait cuire à la braise, et on le sert, soit avec un ragoût de navet, ou de concombres, ou de céleri, ou de passe-pierre, soit avec une sauce hachée, ou à l'anglaise, ou à la ravigote.

On l'accommode encore de cette façon , on le fend, puis on le met dans le pot ; quand il est cuit , on le met sur le gril avec de la graisse de pot, persil et ciboule hachés, sel, poivre, et pané de mie de pain ; on sert dessous une sauce au verjus.

Filet de mouton en brezolles.

On pare un filet de mouton entier de toutes ses filandres, et on le coupe mince; on le met ensuite dans une casserole, lit par lit, avec persil , ciboule, champignons, une pointe d'ail, le tout haché, sel, gros poivre; on le fait cuire à la braise à très-petit feu; on le dégraisse, on détache les filets, et on ajoute un peu de coulis dans la sauce.

Filets de mouton en chevreuil.

On pare proprement douze filets mignons de mouton , et on les pique de lard ; on les fait mariner trois ou quatre jours dans le vinaigre , des aromates, du persil en branches et de l'ognon en tranches; un instant avant de servir, on les fait cuire dans une demi-glace et on les glace d'une belle couleur: on sert chaudement avec une sauce poivrade.

Filets de mouton grillés aux pommes de terre.

Vous panez douze filets mignons de mouton ; vous les assaisonnez de sel et mignonnette, et les trempez dans du beurre. Au moment de servir, vous faites griller et les glacez d'une belle couleur ; vous les dressez ensuite sur le plat avec des pommes de terre dans le milieu, frites au beurre et bien assaisonnées.

Rôt-de-Bif.

On le met entier à la broche, piqué de petit lard , servi dans son jus , pour pièce de milieu.

Rôt-de-Bif à la Sainte-Menehould.

On le fait cuire à la braise comme la langue de bœuf ; ensuite on le pane; on lui fait prendre couleur au four , et on sert dessous une bonne sauce.

Cuit à la braise, on le sert encore déguisé avec différens ragoûts de légumes ou différentes sauces.

Rôt-de-Bif en fricandeau.

On le pique bien ; on le fait cuire comme un fricandeau, et on le glace de même.

Gigot de mouton à l'eau.

Désossez le quasi de votre gigot juqu'à l'os de la cuisse, piquez l'intérieur de votre gigot avec de gros lardons assaisonnés de sel, poivre, ail et des quatre épices. Vous le ficellerez ; vous mettrez quelques bardes de lard par dessous, des carottes, des ognons, clous de girofle, trois feuilles de laurier et un peu de thym ; mouillez votre gigot avec de l'eau ; mettez-y du sel ; ayez soin qu'il baigne dans l'eau ; faites bouillir pendant cinq heures. Déficelez-le avant que de le servir, et mettez-le sur le plat avec un peu de mouillement dans lequel il a cuit et que vous passerez à l'étamine.

On peut servir, si l'on veut, à l'entour, des pommes de terre tournées et cuites avec le gigot, ou bien une sauce tomate.

Gigot à la Périgord.

Coupez des truffes et du lard en petits lardons ; remuez-les ensemble avec sel, fines épices, persil, ciboule, pointe d'ail, le tout haché. Lardez partout votre gigot de truffes et de lard ; enveloppez-le pendant deux jours dans du papier de façon qu'il ne prenne point l'air. Faites-le cuire alors dans une casserole, dans son jus, enveloppé de tranches de veau et de lard. Dégraissez la sauce où il a cuit, et ajoutez-y une cuillerée de coulis.

Gigot à la persillade.

Vous parez et ficelez un gigot mortifié, et vous le faites cuire avec du bouillon, très-peu de sel, un bouquet garni. Quand le gigot sera cuit, vous le retirerez ; vous dégraisserez le bouillon, et le ferez réduire jusqu'à ce qu'il prenne toute la substance de la viande. Vous aurez soin de le remuer, de crainte qu'il s'attache. Lorsqu'il ne restera plus de sauce dans la casserole, vous dresserez le gigot sur un plat. Vous mettrez dans la casserole un coulis clair, pour détacher ce qui y reste ; vous mettrez, dans cette sauce, du persil blanchi et haché très-fin, vous l'assaisonnez et la versez sur le gigot.

Gigot à la poêle.

On coupe un gigot de mouton dans toute sa longueur par tranches épaisses de deux doigts ; on en fait ainsi quatre mor ceaux qu'on larde avec du lard assaisonné de persil, ciboule, champignons, ail, le tout haché, sel, poivre. On fonce une casserole de quelques bardes de lard et tranches d'ognons. On met dessus les morceaux de gigot; on couvre bien la casserole, et on fait cuire à très-petit feu dans son jus. A la moitié de la cuisson, on ajoute un verre de vin blanc. On dégraisse la sauce, on y met un peu de coulis, si on en a, et on la sert courte.

Gigot à l'anglaise.

On coupe un peu le manche et la peau sur l'os du joint, pour pouvoir plier le manche sans défigurer le gigot. On le larde en travers avec du gros lard; on ficelle, et on le met dans une marmite avec du bouillon, un bouquet garni de toutes sortes d'aromates, sel et poivre. Lorsqu'il est cuit, on l'essuie de sa graisse avec un linge, et on le sert avec la sauce suivante. On met dans une casserole un verre de bouillon, presque autant de coulis, des câpres, un anchois, un peu de persil, ciboule, échalotte, un jaune d'œuf dur, le tout haché très-fin, et on fait bouillir deux ou trois bouillons.

Gigot aux choux fleurs glacé de parmesan.

Le gigot et les choux-fleurs cuits comme les précédens, mais avec moins de sel, et préparés de même sur un plat, on arrose le dessus avec un peu de la sauce indiquée; on couvre la sauce du parmesan râpé; on arrose de nouveau avec le restant de la sauce, et on recouvre de parmesan; ensuite on met le plat sur un fourneau doux; on le couvre avec un couvercle de tourtière, que l'on garnit de feu, et on l'y laisse jusqu'à ce qu'il soit d'une couleur dorée et de sauce courte. Il faut, avant de servir, essuyer les bords du plat et égoutter la graisse de dessus la sauce.

Gigot aux cornichons.

On met cuire un gigot dans une marmite avec un peu de bouillon ou de l'eau, un bouquet bien garni, deux ognons, deux carottes, un panais, sel, poivre; on passe la sauce au tamis; on la dégraisse; on la fait réduire en glace; on en glace partout le gigot, et on sert dessous un ragoût aux cornichons, qui se fait en mettant dans une sauce liée des cornichons coupés en deux ou trois morceaux, selon leur grosseur, ratissés un peu et blanchis un instant à l'eau bouillante pour leur ôter la force du vinaigre.

Gigot à la régence.

On coupe un gigot en travers, en trois ou quatre morceaux; on larde chaque morceau de gros lard assaisonné de sel, fines épices, fines herbes hachées. On les fait cuire de même façon que le bœuf à la royale, et on le sert chaud pour entrées, ou froid pour entremets.

Gigot de mouton à la génoise.

Ayez un bon gigot que vous ferez mortifier à point; levez-en la peau sans la détacher du manche; lardez toute la chair avec du céleri à moitié cuit dans une braise ou du bouillon, des cornichons coupés en gros lardons, quelques branches d'estragon blanchi, du lard : le tout assaisonné légèrement, et quelques filets d'anchois. Remettez la peau par dessus, de façon qu'il n'y paraisse point, arrêtez-la avec de la ficelle, de crainte qu'elle ne se retire en cuisant. Mettez votre gigot à la broche comme à l'ordinaire, et, lorsqu'il sera cuit, vous le servirez avec une partie de son fond, que vous ferez réduire.

Gigot à la bourgeoise.

Vous avez un gigot que vous préparez comme celui dit à l'eau ; vous le mettez dans une braisière avec douze carottes, douze ognons, deux feuilles de laurier, deux clous de girofle, douze pommes de terre, un bouquet de persil et ciboule, plein une cuillère à pot de bouillon ou d'eau; alors vous y ajouterez du sel, une livre de petit lard que vous coupez en morceaux ; vous en ôtez le dessus et le dessous ; vous le ferez mijoter pendant trois heures et demie, en le retournant de temps en temps; ayez soin que le feu aille toujours. Au moment de servir, vous déficelez votre gigot ; vous le dressez sur le plat avec vos légumes à l'entour ; si votre mouillement est trop long, vous le ferez réduire ; et vous le mettrez sur votre gigot. Tâchez qu'il ait une belle couleur, ou bien il faut le glacer.

Gigot de mouton de sept heures.

Vous avez un gigot de mouton que vous désossez jusqu'à la moitié du manche; vous l'assaisonnez de lardons, de sel, de gros poivre, de thym et de laurier pilés, et vous piquez le dedans de votre gigot : ne faites pas sortir vos lardons par dessous; quand il est bien piqué, vous lui faites reprendre sa forme première; vous le ficelez de manière qu'on ne s'aperçoive pas qu'on l'ait désossé; vous mettez ensuite des bardes de lard dans le fond de votre braisière, quelques tranches de jambon, les os concassés, quelques tranches de mouton, quatre carottes, six ognons, trois feuilles de laurier, un peu de thym, trois clous de girofle, un bouquet de persil et ciboules, plein une cuillère à pot de bouillon; vous mettez tout cela dessus votre gigot que vous couvrez de lard, et un papier beurré pour le recouvrir; vous mettez cuire votre gigot pendant sept heures, s'il est fort, et vous le ferez aller à petit feu; vous en mettrez aussi sur le couvercle de la braisière : au moment de servir, vous l'égoutterez, vous le déficellerez, vous le glacerez, et vous le servirez avec le mouillement réduit dans lequel il aura cuit.

Gigot à la Mailly.

Il se fait en désossant le gigot, à la réserve du manche, et en y faisant des trous partout le dedans pour y mettre un salpicon : quand on en a rempli tous les trous, on ficelle le gigot, et on le met dans une casserole avec un verre de bouillon, autant de vin blanc, un ognon, une carotte, un panais; on les fait cuire à petit feu bien étouffé, puis on dégraisse la sauce; on la passe au tamis; on la fait réduire si elle est trop longue, on y ajoute un peu de coulis pour lier, et on la sert sur le gigot.

Le salpicon se fait ainsi : on coupe en dés du lard, un peu de jambon, des champignons, des cornichons; on assaisonne de sel, fines épices mêlées, persil, ciboules hachés, thym, laurier et basilic en poudre, et on manie le tout ensemble.

Hachis de mouton à la bourgeoise.

Un gigot rôti se mange rarement entier le même jour. Le lendemain on fait ordinairement un hachis de ce qui reste. On lève les chairs, on en ôte les nerfs et les peaux; après avoir haché la viande, on la met dans une casserole; on fait réduire quelques cuillerées de coulis, et au moment de servir, on lie son hachis avec cette réduction; on y met un demi-quarteron de beurre, on le fait chauffer, prenant garde qu'il ne bouille, et on le sert avec des œufs mollets autour.

Haricot de mouton à la bourgeoise.

On coupe une épaule de mouton par morceaux plus ou moins longs; on fait un roux avec un peu de beurre et plein une cuillère à bouche de farine; on le fait roussir sur le feu, en le tournant toujours avec une cuillère, jusqu'à ce qu'il soit d'une belle couleur; ensuite on y met la viande et on la passe cinq ou six tours sur le feu, en la tournant de temps en temps; après, on y met du bouillon; à défaut de bouillon on met

une chopine d'eau un peu chaude, qu'on versera peu à peu,
afin que le roux puisse bien se délayer, en remuant toujours
avec la cuillère jusqu'à ce qu'on ait mis le tout. On assaisonne
la viande avec du sel, du poivre, des échalotes, un bouquet
de persil, des ciboules, une feuille de laurier, du thym, deux
ou trois clous de girofle, deux petits ognons, une gousse d'ail;
on les fait cuire à petit feu; à moitié de la cuisson, on penche
la casserole pour que la graisse vienne dessus; on l'ôte et on
n'en laisse que le moins que l'on peut; on prend des navets
bien ratissés et bien lavés, que l'on coupe par morceaux; on
les met avec la viande et on les fait cuire ensemble; les navets
et la viande étant cuits, on ôte le bouquet, on penche encore
la casserole pour enlever la graisse qui reste : si la sauce était
trop abondante, on la ferait réduire sur un bon feu, jusqu'à
ce qu'elle ne fût ni trop claire ni trop épaisse; on dresse les
morceaux de viande dans le fond du plat, les navets par-
dessus, et on arrose le tout avec la sauce.

Langue de mouton.

On la sert communément grillée. Après l'avoir fait cuire à
l'eau, on ôte la peau, on la fend à moitié, on la fait tremper
avec la graisse de pot, ou mieux, de l'huile fine, persil, ciboule, champignons, ail, le tout haché, sel, poivre; on la
pane et on la fait griller : on met une sauce au verjus.

Langues de mouton en papillotes.

On prend des langues de mouton, que l'on fera cuire dans
une bonne braise; lorsqu'elles seront cuites, on les ouvrira
en deux et on les laissera refroidir; on maniera beaucoup de
fines herbes avec une demi-livre de beurre; on les assaisonnera d'un bon goût, et on y joindra, si l'on veut, un peu d'espagnole réduite; on les enveloppera chacune dans du papier
huilé, et on les fera griller bien doucement un instant avant
de servir.

Langues de mouton braisées.

On prend douze langues de mouton pour faire une entrée.
Après les avoir bien fait dégorger, on les met blanchir pendant une demi-heure, ensuite on les rafraîchit; on égoutte,
on essuie et on coupe le cornet; on les pique avec des petits
lardons bien assaisonnés; on les fait cuire dans une bonne
braise pendant cinq ou six heures, et on les égoutte pour en
ôter la peau; on les fait mijoter ensuite dans une demie-glace,
et on les sert chaudement avec une poivrade.

Langues de mouton à la broche.

Vous mettez cuire dans l'eau quatre langues avec du sel, un ognon piqué de deux clous de girofle, une carotte, un panais; lorsqu'elles seront presque cuites, vous en ôterez la peau et les larderez en travers avec du gros lard, ou mieux, à la place du gros lard, vous piquerez tout le dessus de petit lard; vous les embrocherez dans un hatelet, et les attacherez à la broche, enveloppées avec du papier graissé; quand elles seront cuites de belle couleur, vous les servirez avec la sauce suivante :

On met dans une casserole trois cuillerées de jus, deux de verjus, un petit morceau de beurre manié de farine, sel, gros poivre, et on fait lier sur le feu.

Langues de mouton à la flamande.

On passe sur le feu, avec du beurre, deux ou trois ognons coupés par tranches jusqu'à ce qu'ils commencent à se colorer, on y jette alors une pincée de farine; on mouille avec un verre de vin blanc et un demi-verre de jus, et on y met des champignons, deux échalottes, persil et ciboule, le tout haché très-fin, sel, gros poivre, une pointe de vinaigre; on fait bouillir le tout ensemble un demi quart-d'heure, puis on met dans cette sauce trois ou quatre langues cuites dans l'eau, épluchées et fendues en deux, sans être séparées, et on les y laisse bouillir jusqu'à ce qu'elles aient pris goût, et qu'il ne reste plus que peu de sauce.

Langues de mouton en surtout.

Mettez dans une casserole gros comme un œuf de bon beurre manié avec une pincée de farine, un verre de vin rouge, deux cuillerées du bouillon, persil, ciboule, champignons, échalotes, demi-gousse d'ail, le tout haché; basilic en poudre, sel, gros poivre; faites lier cette sauce sur le feu et un peu bouillir, jusqu'à ce qu'elle soit épaisse; coupez en filets minces vos langues de mouton cuites à l'eau; versez un peu de votre sauce dans le fond d'un plat, et sur la sauce un filet de langue; continuez à mettre des filets de langue l'un sur l'autre, et toujours de la sauce; bardez tout le tour de votre viande avec des filets de pain, coupés promptement; panez tout le dessus avec de la mie de pain, et arrosez-le avec du bon beurre chaud; placez le plat sur un petit feu pour faire mijoter; couvrez-le d'un couvercle de tourtière avec du feu dessus pour faire prendre couleur à la mie de pain; quand elle sera d'une belle couleur dorée, vous pencherez un peu

3

le plat pour faire couler le beurre, s'il y en a de trop; vous en essuyerez les bords et vous servirez.

Langues de mouton à la poêle.

On met dans la casserole trois langues de mouton cuites à l'eau, épluchées et fendues, avec du bouillon, deux cuillerées de coulis, un verre de vin blanc, persil, pointe d'ail, champignons hachés très-fin, un petit morceau de beurre, sel, gros poivre; on fait bouillir une demi-heure, jusqu'à ce que la sauce ne soit ni trop liée, ni trop claire.

Langues de mouton au gratin.

Les langues cuites comme celles à la braise, vous mettez dans le fond d'un plat l'épaisseur d'un écu de farce faite avec de la mie de pain, un morceau de beurre ou du lard râpé, deux jaunes d'œufs crus, persil et ciboules hachés, un peu de coulis ou une cuillerée de bouillon, sel, gros poivre; vous mêlez le tout ensemble et le placez sur un peu de cendres chaudes, jusqu'à ce que votre farce se soit attachée au plat; ensuite vous en égouttez le beurre, essuyez les bords du plat, et servez dessus les langues avec leur sauce.

Langues de mouton à la cuisinière.

Après les avoir fait griller, comme il est dit à l'article *Langue de mouton*, on met dans une casserole gros comme un petit œuf de bon beurre, deux jaunes d'œufs crus, deux cuillerées de verjus, un peu de bouillon, sel, poivre, muscade; on tourne cette sauce sur le feu jusqu'à ce qu'elle soit liée comme une sauce blanche, et on la sert dessous les langues.

Pieds de mouton à la poulette.

Vous flambez une quinzaine de pieds de mouton, et en ôtez avec le couteau une petite touffe de poil qui se tient au milieu de la fente du bout du pied; vous les faites cuire dans un blanc, et lorsqu'ils sont cuits, ce qui est au bout de quatre bonnes heures, vous les égouttez sur un torchon blanc, et en ôtez les os de la jambe; vous faites réduire quelques cuillerées de coulis blanc, avec la moitié d'un bon maniveau de champignons que vous aurez auparavant passés au beurre; vous les liez avec trois jaunes d'œufs; vous ajoutez à cela un peu plus d'un quarteron de beurre frais: prenez garde de faire bouillir; une pincée de persil blanchi, du jus de citron, et vous jetez vos pieds de mouton dans cette sauce.

Pieds de mouton à la Sainte-Menehould.

Quand ils sont cuits à l'eau et épluchés, vous en ôtez les gros os, et les laissez entiers; vous les mettez dans une casserole avec un bon morceau de beurre, persil, ciboules et ail hachés, sel, poivre; vous les faites cuire jusqu'à ce qu'il n'y ait presque plus de sauce; sur la fin, vous les remuez de crainte qu'ils ne s'attachent; quand ils sont refroidis vous les trempez dans le restant de la sauce, vous les panez, vous les faites griller, et vous les servez à sec avec une sauce piquante et claire.

Pieds de mouton à la ravigote.

Après les avoir fait cuire à l'eau et désossés de leurs gros os, on les met dans une casserole avec du bon beurre, un bouquet garni, du bouillon, coulis, sel, poivre; on les fait bouillir jusqu'à ce que la sauce soit presque réduite, et, au moment de servir, on y ajoute ses herbes à ravigote blanchies, égouttées et hachées très-fin : que la sauce ne soit ni trop claire, ni trop épaisse.

Pieds de mouton farcis.

Ayez des pieds de mouton cuits à l'eau; faites-les mijoter pendant une demi-heure avec un peu de bouillon, sel, poivre, bouquet garni; ensuite désossez-les le plus que vous pourrez, et à la place des os faites-y entrer de la farce ci-après; lorsqu'ils seront farcis, si vous voulez les faire frire, trempez-les dans de l'œuf battu, panez-les, faites-les frire de belle couleur, et servez-les sortant de la poêle. Si vous voulez les servir sans être frits, vous les tremperez dans du beurre chaud; vous les panerez; vous leur ferez prendre couleur sur le plat avec le four de campagne, vous en égoutterez la graisse, et vous servirez ainsi, ou avec une sauce d'un jus clair.

Farce. — Vous hachez un petit morceau de viande cuite avec autant de graisse de bœuf, un peu de mie de pain desséchée avec du lait; vous l'assaisonnez de sel, poivre, persil et ciboules hachés, et vous liez avec trois jaunes d'œufs.

Pieds de mouton à l'anglaise.

On prend des pieds de mouton; on les met bouillir une demi-heure, pour prendre goût avec du bouillon, une cuillerée de verjus, sel, poivre, quelques tranches d'ognons, une gousse d'ail, une racine coupée en zestes : puis on les égoutte, on en ôte les os; on met à la place, pour les imiter, des morceaux de mie de pain coupés de la grosseur et de la longueur des os, que l'on fait frire en les passant sur le feu avec du beurre, jusqu'à ce qu'ils soient d'une belle couleur; on dresse sur le plat et on verse une sauce piquante par-dessus.

Pieds de mouton à la sauce.

De quelque manière qu'on veuille accommoder les pieds de mouton, il faut toujours qu'ils soient d'abord cuits à l'eau, épluchés et désossés; si on veut les servir à la sauce, on les met prendre goût en les faisant bouillir à petit feu une demi-heure avec du beurre, du bouillon, un bouquet bien garni, sel et poivre; on les dresse sur le plat qu'on doit servir, et on verse par-dessus telle sauce qu'on juge à propos, comme à la flamande, à l'espagnole ou autres.

Pieds de mouton en surtout.

Après leur avoir fait prendre goût, comme ci-dessus, on garnit le fond d'un plat d'une farce de telle viande que l'on a; on arrange dessus les pieds de mouton; on recouvre avec de la farce; on unit le dessus avec un couteau trempé dans de l'œuf battu; on pane avec de la mie de pain; on met le plat sur un feu doux; on recouvre le plat avec un four de campagne; quand le mets est d'une belle couleur dorée, on en égoutte la graisse, l'on verse autour une sauce piquante claire.

Pieds de mouton au gratin.

Quand ils auront pris goût en les faisant bouillir à petit feu, jusqu'à moitié réduction dans un verre de vin blanc, trois cuillerées de bouillon, autant de coulis, un bouquet garni, sel, gros poivre, on ôte le bouquet, et on les sert sur un gratin comme celui des langues de mouton.

Pieds de mouton à la sauce Robert.

On coupe de l'ognon en filets; on le fait cuire à moitié dans une casserole avec un morceau de beurre. On met ensuite les pieds de mouton, bien épluchés, coupés en trois; on mouille avec du bouillon, un peu de coulis; on assaisonne de sel et de poivre. Le ragoût cuit, on y met de la moutarde, un filet de vinaigre, et on sert à courte sauce.

Poitrine de mouton.

Elle s'accommode comme le collet (Voyez *Collet de mouton*).

Queues de mouton braisées.

Elles se font comme la langue de bœuf.

Queues de mouton au riz.

Ayez de belles queues de mouton ; faites-les cuire à petit feu avec du bouillon, un bouquet bien garni ; sel, poivre ; mettez-les ensuite égoutter et refroidir. Passez au tamis la cuisson des queues sans la dégraisser ; mettez-la dans une petite marmite avec six onces de riz bien épluché et lavé. Si le mouillement n'est point suffisant, ajoutez de nouveau bouillon ; faites cuire le riz à petit feu, et de manière qu'il reste fort épais sans être trop cuit. Quand il sera à moitié froid, vous couvrirez le fond d'un plat avec un peu de ce riz ; arrangez toutes les queues avec le restant en leur conservant leur forme ; dorez un peu le dessus avec de l'œuf battu ; mettez le plat sur un peu de cendres chaudes, sous un four de campagne. Laissez-les-y jusqu'à ce qu'elles soient d'une belle couleur dorée et le riz en croûte ; alors vous penchez un peu le plat pour en égoutter la graisse. Essuyez-les bords, et servez.

Queues de mouton panées à l'anglaise.

On prépare et on fait cuire les queues comme celles dites à la braise ; lorsqu'elles sont cuites, on les égoutte et on les assaisonne de sel, gros poivre. On fait tiédir un morceau de beurre, on met les queues dedans ; ensuite dans de la mie de pain. On casse quatre œufs dans le beurre ; on bat le tout ensemble. En trempant les queues dans les œufs, on fait en sorte qu'elles en prennent partout ; en les roule dans la mie de pain, de manière qu'elles soient complètement panées, et on les arrose avec quelques gouttes de beurre. On les mettra sur le gril, à un très-petit feu, une demi-heure avant de servir, en les couvrant d'un four de campagne bien chaud, pour leur donner une belle couleur. Au moment de servir, on les dresse sur le plat, avec un jus clair dessous.

Queues de mouton aux purées.

Vous préparez et faites cuire vos queues comme celles dites à la braise. Au moment de servir, vous les égouttez et les dressez sur le plat ; vous les masquez d'une purée de lentilles, de pois verts, de haricots, ou d'une sauce tomate.

Queues de mouton à la prussienne.

On prend plusieurs queues de mouton, la moitié d'un chou, une demi-livre de petit lard ; on fait blanchir le tout un quart-d'heure à l'eau bouillante ; on les retire ; on les rafraîchit ; on presse le chou, on le coupe en quatre, on ficelle chaque quartier. On coupe aussi le lard en plusieurs morceaux sans les séparer d'avec la couenne; on les ficelle. On met les queues dans une casserole, les choux, le lard et six gros ognons par dessus, un bouquet de persil et ciboules, deux clous de girofle, moitié d'une gousse d'ail, une très-petite branche de fenouil, un peu de sel, gros poivre; on mouille avec du bouillon, et on fait cuire à très-petit feu. On coupe des mies de pain en rond, de la grandeur d'un petit écu : on les passe sur le feu avec du beurre jusqu'à ce qu'elles soient de belle couleur dorée. On les met égoutter; on jette une pincée de farine dans le restant du beurre des croûtons; on la fait roussir; on mouille avec du bouillon de la cuisson des choux et un filet de vinaigre. On fait bouillir une demi-heure, pour que la farine ait le temps de cuire, et que cela forme un petit coulis; on le dégraisse et on le passe au tamis. Quand les queues sont cuites et qu'il n'y reste plus de sauce, on les met égoutter ainsi que les choux et le lard; on essuie le tout avec un linge. On dresse les queues entremêlées de choux, les ognons autour, le lard et les crûtons par-dessus les choux, et on verse le coulis par-dessus.

Queues de mouton aux choux à la bourgeoise.

Vous mettez blanchir à l'eau bouillante la moitié d'un gros chou; vous le rafraîchissez, le pressez et en ôtez le trognon et le hachez; vous coupez en petits dés un quarteron ou une demi-livre de petit lard; vous le passez avec vos choux dans un petit roux, et les mouillez avec un peu de bouillon sans sel. Vous laissez cuire une heure à petit feu, jusqu'à ce que le chou et le lard soient bien cuits : le ragoût bien lié, vous mettez égoutter les queues que vous aurez fait cuire dans une petite braise au nombre de cinq ou six. Vous les essuyez avec un linge; vous les dressez dans le plat à peu de distance les unes des autres; vous couvrez chaque queue avec du ragoût, et vous servez chaudement.

Rognons de mouton.

Ils se font cuire sur le gril. Il faut les ouvrir par le milieu et leur passer en travers une petite brochette. On les assaisonne de sel et poivre, et, quand ils sont cuits, on met dessous une sauce à l'échalotte.

Rognons de mouton au vin de Champagne.

Ils s'accommodent comme ceux de cochon (Voyez *Rognons de cochon*).

DE L'AGNEAU.

Les agneaux de deux mois et demi, bien nourris, sont les meilleurs. Le printemps est la saison où l'on en emploie le plus.

Issue d'agneau à la bourgeoise.

On comprend sous le nom d'issue, la tête, le foie, le cœur, le mou et les pieds.

Vous ôtez les mâchoires et le museau; vous les faites dégorger dans de l'eau avec le reste de l'issue coupée par morceaux; faites-les blanchir un moment, et cuisez-les dans un blanc : un instant avant de servir, vous égouttez le tout et le mettez (à l'exception de la tête) dans une allemande réduite, liée avec deux jaunes d'œufs, un morceau de beurre et le jus de la moitié d'un citron. Vous mettez ce ragoût sur un plat, et la tête bien blanche par dessus.

Tête d'agneau au blanc.

Après avoir approprié votre tête, vous la faites dégorger et blanchir, vous la rafraîchissez, et, après l'avoir flambée, vous la mettez cuire dans un blanc. Après deux heures de cuisson, vous l'égouttez et la mettez sur votre plat, avec une sauce piquante dessous.

Vol-au-vent de pieds d'agneau.

Vous les faites comme les pieds de mouton, et au moment de servir, vous les mettez dans un vol-au-vent.

Filets d'agneau en blanquette.

Faites cuire cinq filets d'agneau à la broche, et laissez-les refroidir; vous les coupez en blanquette, et les mettez entre deux bardes de lard dans une casserole, laquelle vous mettez dans une étuve avant de servir, afin que l'agneau chauffe doucement et ne se racornisse point. Au moment de servir, vous ôtez le lard et le mettez dans une allemande liée avec deux jaunes d'œufs, un petit morceau de beurre et du jus de citron. Vous aurez soin de mettre parmi quelques champignons qui auront déjà été passés dans le beurre.

Du quartier d'agneau.

Le quartier d'agneau de devant est plus délicat que celui de derrière; il se sert ordinairement rôti. On en fait aussi des entrées à l'anglaise, en mettant les côtelettes sur le gril, comme celle de mouton. Le reste du quartier se fait cuire à la broche ; quand il est froid, on en fait une blanquette, et on met les côtelettes autour.

Le quartier d'agneau de derrière se met ordinairement à la broche. Il se met aussi farci en dedans, cuit à la braise, et servi avec un ragoût d'épinards. Cuit à la braise et refroidi, on tire des filets qu'on met en blanquette ou à la béchamelle.

Rôt-de-bif d'agneau.

On coupe son agneau jusqu'à la seconde côtelette du flanc, ce qui fait la moitié de l'agneau. Après l'avoir assujetti avec des brochettes, on le met à la broche, on le fait cuire d'une belle couleur. On prend deux quartiers du devant de l'agneau, on en lève les épaules ; on coupe la poitrine de manière que les côtelettes ne soient pas endommagées. On fait cuire les poitrines dans une bonne braise : quand elles seront cuites, on les mettra entre deux couvercles, et on les laissera refroidir. On les coupera en petits morceaux, que l'on panera bien proprement, et que l'on trempera dans une sauce d'un bon goût : on les panera avec de la mie de pain. On coupe les côtelettes, on les pare, on les assaisonne de sel et de poivre, et on les met dans un plat à sauter avec du beurre fondu. On prend les épaules cuites à la broche et refroidies, on en fait une bonne blanquette. Au moment de servir, on fait griller ou frire les tendons. On saute les côtelettes, que l'on glace, et on dresse le tout entremêlé et en miroton : on met la blanquette au milieu.

DU COCHON.

Il faut éviter d'employer du cochon ladre, c'est un manger mal-sain ; la chair est parsemée de glandes blanches ou roses ; la digestion s'en fait mal : c'est pour cela qu'on emploie peu de cochon dans la cuisine, et qu'à table on lui fait peu de fête quand on en sert.

Boudin.

Prenez de l'ognon, que vous hachez, et faites-le-cuire avec un peu d'eau et de la panne ; quand il est bien cuit et qu'il ne reste que de la graisse, vous prenez de la panne que vous coupez en dés ; mettez-la dans la casserole où est votre ognon, avec du sang et le quart de crème ; assaisonnez de sel fin, d'épices mêlées ; maniez bien le tout ensemble, et entonnez-le dans des boyaux que vous aurez coupé auparavant de la rongueur dont vous voulez faire les boudins ; ne les emplissez point trop, de crainte qu'ils ne crèvent en cuisant ; ficelez les deux bouts de chaque boyau ; vous les faites cuire ensuite dans l'eau bouillante : il faut un quart-d'heure pour les cuire ; pour voir s'ils sont cuits, vous en tirerez un avec l'écumoire et le piquerez avec une épingle, si le sang ne sort plus, que ce soit de la graisse, c'est une preuve qu'ils sont cuits ; mettez-les ensuite refroidir pour les faire griller quand vous voudrez les servir. La même façon se pratique pour les boudins de sanglier.

Boudins blancs à la bourgeoise.

Mettez sur le feu une chopine de lait que vous faites bouillir, et mettez-y après une bonne poignée de mie de pain ; passez à la passoire ; faites bouillir le tout ensemble en le tournant souvent, principalement sur la fin, jusqu'à ce que la mie de pain ait bu tout le lait et qu'elle soit bien épaisse, mettez-la refroidir ; coupez une demi-douzaine d'ognons en petits dés, et les faites cuire à petit feu, sans qu'ils soient colorés, avec un morceau de beurre ; ensuite vous avez une demi-livre de panne hachée que vous mêlez avec les ognons ; après qu'ils sont ôtés du feu, mettez-y aussi la mie de pain avec six jaunes d'œufs, un peu plus d'un demi-setier de crème ; délayez le tout ensemble, assaisonnez de sel fin, fines épices ; prenez des boyaux de cochon bien lavée, coupez-les de la longueur dont vous voulez faire vos boudins, ne les emplissez qu'au trois quarts, liez le bout ; quand ils seront tous finis, faites bouillir de l'eau ; quand elle bouillera fort, mettez-y doucement les boudins et les faites bouillir jusqu'à ce qu'ils soient cuits, il ne faut pour cela qu'un quart d'heure, et vous le reconnaîtrez si, en les piquant avec une épingle, il n'en sort que de la graisse : retirez-les doucement avec une écumoire ; mettez-les dans l'eau fraîche ; faites-les égoutter, puis griller dans une caisse de papier : ensuite vous les ôtez de la caisse pour les servir chaudement.

Andouilles.

Après avoir lavé et nettoyé les boyaux les plus charnus du cochon, et qu'ils sont bien propres, on les fait dégorger pendant douze heures, ensuite on les égoutte, on les essuie bien, et on les met dans une terrine ; puis on les assaisonne de sel, de poivre, d'aromates pilés et des quatre épices ; on les laisse dans cet assaisonnement pendant deux heures ; cela fait, on les met dans les boyaux, qu'on lie par le bout, et on les place au fond du saloir.

Lorsqu'on veut les manger, on les fait cuire dans du bouilton, avec des racines, un bouquet de persil et ciboule, du chym et du laurier; on les laisse refroidir dans leur cuisson, ensuite on les met sur le gril.

Saucisses.

Il faut choisir dans la chair du cochon celle qui est la moins nerveuse. Vous hacherez une livre de lard avec une livre de chair; vous y ajouterez du persil et de la ciboule hachés, un peu d'épices, du sel, du poivre; vous mêlerez bien le tout ensemble; ensuite vous mettrez votre chair dans les boyaux. Ceux qui veulent donner à leurs saucisses plus de goût, y verseront un verre de vin ordinaire ou de Champagne ou du Rhin, ou du Madère, ou de Malvoisie, ou de Frontignan, ou de Constance.

Hure de cochon.

Votre tête désossée en entier, vous prenez des débris de chair de porc frais que vous mettrez avec elle; vous l'assaisonnerez de sel, de poivre en grains, d'aromates pilés, des quatre épices, persil, petits ognons et ciboules hachés; vous la mettrez dans un vase avec cet assaisonnement, vous l'y laisserez pendant neuf ou dix jours; quand vous jugez qu'elle a bien pris son assaisonnement, vous la retirez du vase et l'égouttez; vous rassemblez tous vos morceaux, vous les arrangez de façon que votre tête se trouve remplie et reprenne sa première forme; vous aurez soin de coudre ensuite avec de la ficelle l'ouverture par où elle a été désossée, et vous la ficellerez de telle manière qu'elle ne se déforme pas en cuisant; enveloppez-la dans un linge blanc, ficelé par les deux bouts; ensuite vous la mettrez dans une braisière avec les os de votre tête, des couennes, neuf ou dix carottes, autant d'ognons, et sept ou huit feuilles de laurier, autant de branches de thym, du basilic, un gros bouquet de persil et ciboule; sept clous de girofle, une forte poignée de sel et quelques débris de cochon ou d'autre viande; mouillez votre hure avec de l'eau jusqu'à ce qu'elle baigne, et vous la ferez mijoter neuf à dix heures à petit feu; quand elle sera cuite, vous l'ôterez de dessus le feu et la laisserez deux heures dans son assaisonnement; puis vous la retirerez avec un autre linge blanc, et vous la presserez de vos deux mains pour en faire sortir le liquide qui y serait resté, mais de manière à lui conserver toujours sa forme; laissez-la refroidir dans son linge; quand elle sera bien refroidie, vous l'approprierez et vous la mettrez dans une serviette ployée sur un plat, après en avoir ôté les ficelles.

Fromage de cochon.

On prend une tête de cochon bien nettoyée; on la désosse à forfait, on lève toute la chair et le lard sans couper la couenne; on coupe la chair en filets très-minces, on en fait autant de lard; on met le maigre à part sur un plat, bien étendu et le gras dans un autre; on coupe les oreilles aussi en filets; on assaisonne le tout des deux côtés, avec du sel fin, du gros poivre, thym, laurier, basilic, six clous de girofle, deux pincées de coriandre, la moitié d'une muscade; le tout haché très-fin; deux gousses d'ail et quatre échalotes aussi hachées; une demi-poignée de persil en feuilles entières; on met la peau de la hure dans une casserole ronde; on arrange tous les filets de viande en mettant un lit de vinaigre et quelques tranches de jambon, des feuilles de persil arrangées proprement; on continue de cette façon jusqu'à la fin; on coud la couenne et on la plisse en bourse; on l'enveloppe d'un torchon blanc, que l'on serrera fort avec de la ficelle; on met ce fromage dans une marmite juste à sa grandeur, pour la faire cuire pendant cinq ou six heures dans du bouillon, une pinte de vin blanc, de l'ognon, racine, thym, laurier, basilic, une gousse d'ail, sel, poivre; lorsqu'il est cuit, on l'égoutte et on le met dans un vaisseau juste à sa grandeur et bien rond; on le couvre avec un couvercle et un poids très-lourd dessus, pour lui faire prendre la forme que l'on veut jusqu'à ce qu'il soit froid : on le servira pour gros entremets.

Du jambon.

La cuisse et l'épaule se mettent en jambons : il faut les saler et fumer. Pour cet effet, vous faites une saumure avec du sel et du salpêtre, et toutes sortes d'herbes odoriférantes, comme thym, laurier, basilic, baume, marjolaine, sariette, genièvre, que vous mouillez avec moitié eau et moitié lie de vin; laissez infuser toutes ces herbes dans la saumure pendant vingt-quatre heures; ensuite vous la passez au clair et mettez tremper les jambons dedans pendant quinze jours; alors vous les retirerez de la saumure pour les faire égoutter; après les avoir bien essuyés, vous les mettez fumer à la cheminée. Quand ils seront secs, pour les conserver, vous les frotterez avec de la lie de vin et du vinaigre, et mettrez par-dessus de la cendre. Lorsque vous le voulez faire cuire, vous en ôtez le mauvais sans rien ôter à la couenne, les faites dessaler dans de l'eau deux ou trois jours, suivant qu'ils sont nouveaux et que vous les jugez assez dessalés, les désossez, les enveloppez d'un torchon blanc, et les mettez dans une marmite pas plus large que le jambon; vous y mettrez deux pintes d'eau et autant de vin blanc, racines, ognons, un gros bouquet garni de toutes sortes de fines herbes, et faites cuire votre jambon pendant cinq ou six heures à très-petit feu. Quand il est cuit, vous le laissez refroidir dans sa cuisson, vous le retirez ensuite et enlevez doucement la couenne sans ôter la graisse, vous mettez par dessus la graisse du persil haché avec un peu de poivre, et après, de la chapelure de pain ; vous passez pardessus la pelle rouge, pour que la chapelure s'imbibe un peu dans la graisse et prenne une belle couleur : ou bien, si vous voulez qu'il ait meilleure façon, lorsqu'il est refroidi, vous ôtez la couenne et le parez bien uniment : vous le glacez ensuite d'une belle couleur. Servez froid sur une serviette, pour gros entremets.

Du petit-salé de cochon.

Toutes sortes d'endroits de cochon sont bons pour faire du petit-salé; le filet est estimé le meilleur. Vous coupez les morceaux de la grosseur que vous voulez, et prenez du sel pilé: sur quinze livres mettez une livre de sel : frottez votre viande partout ; mettez-la à mesure dans un vaisseau; quand il est plein, bouchez-le bien de crainte qu'il ne prenne le vent. Vous pouvez vous en servir au bout de cinq ou six jours. Si vous voulez le garder long-temps, vous y mettrez un peu plus de sel. Observez que plus le salé est nouveau, meilleur il est. Vous vous en servez ensuite soit pour manger avec de la purée de pois, ou un ragoût de choux, ragoût de légumes, de lentilles, purée de navets. De telle façon que vous le serviez, ne mettez point de sel dans le ragoût que vous destinez à manger avec ; et si votre salé avait pris trop de sel, faites-le tremper dans de l'eau froide avant de le faire cuire.

Côtelettes de cochon.

Vous coupez vos côtelettes de cochon comme des côtelettes de veau, ayant soin de laisser dessus un peu de gras ; vous les aplatirez pour leur donner une belle forme, et vous les servirez, après une parfaite cuisson sur le gril, avec une sauce Robert ou une sauce aux cornichons.

Côtelettes de porc frais en ragoût à la bourgeoise.

Coupez un carré de porc frais en côtelettes; mettez-les cuire avec un peu de bouillon, un bouquet garni, peu de sel, poivre; un ris de veau blanchi, coupé en dés : mettez-les dans une casserole, avec des champignons, quelques foies de volaille, un peu de beurre; passez-les sur le feu, ajoutez-y une

bonne pincée de farine; mouillez moitié bouillon, un **verre**
de vin blanc et du jus pour colorer le ragoût, sel, gros poivre, un bouquet de persil, ciboule, une demi-gousse d'ail,
deux clous de girofle; laissez cuire et réduire à courte sauce;
versez sur les côtelettes.

Echine de cochon.

On aura soin, en coupant le morceau en carré, de laisser
l'épaisseur d'un doigt de graisse. Le carré doit être bien couvert. On cisèle le gras qui le couvre; et on le met à la broche : deux heures suffisent pour le cuire. On le sert, pour rôt
ou pour entrée, avec une sauce piquante, ou telle autre sauce
qui est le plus au goût.

Filets mignons.

Vous levez les filets mignons dans toute leur longueur, et
vous les piquez de lard fin; vous leur donnez une forme ronde, et vous les piquez par-dessus. Mettez des bardes de lard
dans une casserole, quelques tranches de veau, quelques
carottes, ognons, deux clous de girofle, un bouquet de persil
et ciboules, deux feuilles de laurier, et vos filets dessus l'assaisonnement; couvrez-les ensuite d'un double rond de papier
beurré; vous ajoutez plein une petite cuillère à pot de bouillon, vous les posez sur le feu une heure avant de servir; vous
mettez du feu sur le couvercle pour les glacer : au moment de
les manger, égouttez-les.

Oreilles de cochon.

On fait cuire les oreilles de cochon dans un assaisonnement
pareil à celui de la hure; quand elles sont froides, on les
coupe en petits filets que l'on dépose dans une casserole : on
coupe ensuite en demi-cercle douze gros ognons dont on a ôté
la tête et la queue; on les passe dans le beurre; quand ils
sont bien blonds, si on n'a pas de sauce, on emploie une cuillerée à bouche de farine que l'on remue avec ses ognons, on
y ajoute un demi-verre de vinaigre, un verre de bouillon, du
sel, du gros poivre; on laisse jeter quelques bouillons à ses
ognons; on les met sur ces émincées d'oreilles de cochon, on
saute le tout ensemble, et on le tient chaud sans le faire bouillir, jusqu'au moment où on dresse son ragoût.

Pieds de cochon à la Sainte-Menehould.

Après avoir entortillé vos pieds de cochon avec du **ruban
de fil large**, afin qu'ils ne puissent pas se défaire en cuisant,

vous les mettez dans une casserole avec du thym, du laurier, des carottes, des ognons, des clous de girofle, du persil, des ciboules, un peu de saumure, une demi-bouteille de vin blanc, plus ou moins : comme ils doivent rester long-temps au feu, vous emploierez beaucoup de mouillement; vous les faites mijoter pendant vingt-quatre heures sans discontinuer; après, vous les laissez refroidir dans leur cuisson; vous les développez avec soin, et vous les laissez jusqu'au lendemain. Prêt à les servir, trempez-les dans du beurre tiède, assaisonnez-les de gros poivre, et roulez-les dans de la mie de pain, mettez-les ensuite sur le gril, à un feu très-doux, et servez-les sans sauce.

Rognons de cochon au vin de Champagne.

Prenez des rognons de cochon que vous émincerez; vous mettrez dans une casserole, sur un feu ardent, un morceau de beurre avec vos rognons émincés, du sel, du poivre, de la muscade râpée, du persil, des petits ognons et de l'échalote, le tout haché bien menu; vous sauterez votre émincée sans relâche, afin qu'elle ne s'attache pas : lorsque vos rognons seront roidis, vous ajouterez un peu de farine que vous remuerez avec votre émincée, ensuite vous y verserez du vin de Champagne; vous retournerez alors votre ragoût, sans le laisser bouillir.

Saindoux.

Après avoir épluché la panne, c'est-à-dire ôté les peaux qui s'y trouvent, on la coupe par petits morceaux, puis on la met dans un chaudron avec un demi-setier d'eau, un ognon piqué de clous de girofle; on la fait fondre à très-petit feu, jusqu'à ce que les grignons, qui ne se fondent point, commencent à se colorer : alors le saindoux est frit; on le retire du feu, on le laisse refroidir à moitié, et on le passe ensuite dans un vaisseau de terre pour le mettre au froid.

Cochon de lait rôti.

Plongez votre cochon de lait dans un chaudron d'eau chaude où vous pourrez endurer le doigt; frottez-le avec la main; si la soie s'en va, vous le retirerez de l'eau; vous le retrempez un instant; et toujours vous en levez les soies; quand il n'en reste plus, vous le faites dégorger pendant vingt-quatre heures; vous le pendez ensuite et faites sécher.

Ainsi préparé, farcissez-lui le ventre d'un gros morceau de beurre manié de fines herbes hachées très-menu; embrochez-le ensuite; arrosez-le sans cesse d'huile vierge, pour lui faire prendre une belle couleur, et servez.

Cochon de lait farci.

Après l'avoir échaudé à l'eau bouillante, et avoir fait les préparations nécessaires, comme ci-dessus, farcissez-le avec son foie haché avec lard blanchi, truffes, champignons, rocamboles, câpres fines, anchois de Nice, fines herbes assaisonnées de poivre de la Jamaïque et de sel marin, le tout passé à la casserole : son ventre ainsi rempli, on le ficelle, on le met à la broche, et on a soin de l'arroser d'huile vierge, pour lui faire prendre une belle couleur; on l'accompagne presque toujours d'une sauce à l'orange, avec sel et poivre blanc.

DE LA VOLAILLE.

La volaille demande à être plumée aussitôt qu'elle est tuée : ensuite on la flambe sur un fourneau bien allumé, c'est-à-dire qu'on la passe légèrement sur la flamme pour brûler les poils qui restent : à défaut de fourneau allumé, on peut se servir d'une feuille de papier qu'on brûle dessous les poils; cela fait, on la vide : pour cet effet on coupe la peau de la volaille sur le derrière du cou : on détache légèrement la poche d'avec la peau pour l'ôter sans déchirer la volaille, puis on passe son doigt dans le trou du briquet; on le tourne en le courbant, pour détacher ce qui est dans le corps : cela donne la facilité de faire sortir les boyaux, foie et gésier : on agrandit ensuite le trou proche du croupion, et on vide doucement la volaille pour ne pas la déchirer : on aura soin d'ôter l'amer du foie et le dedans du gésier. Toute volaille et gibier se flambent et se vident de la même façon; cependant, si c'est pour rôtir et servir sur le plat de rôt, il ne faut point les flamber : on les vide, comme il vient d'être dit; on les fait revenir sur de la braise; on les essuie bien avec un torchon; on les épluche, puis on les barde ou les pique comme on le juge à propos.

CANARD, SARCELLE ET CANETON.

On distingue deux sortes de canards, celui de basse-cour et le sauvage; le canard domestique s'emploie volontiers pour entrée, et le sauvage pour rôti. Rouen est l'endroit où l'on fait les meilleurs élèves : il n'y a rien au-dessus des canetons de ce pays.

Canard farci.

Lorsqu'il est flambé, on le vide par la poche, et on le désosse entièrement sans lui percer la peau. A cet effet on commence à la poche, et on le renverse à mesure qu'on ôte les os : on le remplit ensuite à moitié avec une farce de volaille ou de godiveau *(voyez tourte au godiveau)*, puis on le ficelle pour que rien ne sorte, et on le fait cuire à la braise comme la langue de bœuf *(voyez langue de bœuf)* : quand il est cuit, on l'essuie de sa graisse, et on le sert avec une bonne sauce ou un ragoût de marrons. Pour le servir de cette dernière façon, on fait cuire des marrons avec un demi-setier de vin blanc, un peu de coulis, une pincée de sel, et on entoure le canard.

Canard aux navets.

Quand le canard est vidé, flambé, troussé les pattes en-dedans, on fait un roux ; dès qu'il est blond, on met dedans son canard ; on le fait revenir : quand les chairs sont fermes partout, on verse plein deux cuillères à pot de bouillon ou d'eau, si on n'a pas de bouillon ; dans ce dernier cas, on ajoute du sel, du poivre, une feuille de laurier ; on tourne son canard avec son mouillement jusqu'à ce qu'il bouille ; on y met alors un bouquet de persil et ciboule, et on le fait aller à grand feu : le canard aux trois-quarts cuits, on y mettra des navets, tous de la même grosseur, que l'on aura tournés, fait sauter dans du beurre jusqu'à ce qu'ils soient bien blonds, et laissé égoutter ; puis on fera aller le tout à petit feu : on dégraissera le canard, on y mettra un petit morceau de sucre ; au moment de servir on versera le ragoût de navets sur le canard. On s'assure s'il est de bon sel.

Canard à la Bruxelles.

Après avoir désossé votre canard, mettez-lui dans le corps un salpicon comme suit :

Coupez en gros dés un gros ris de veau, quelques crêtes de coq, le tout cuit, des truffes et des champignons ; liez ce salpicon avec de l'espagnole réduite, et mettez-le dans votre canard, lequel vous couvrez, afin qu'il n'en sorte pas ; vous le faites cuire pendant deux heures dans une mirepoix, et, lorsqu'il est cuit, vous l'égouttez et le débridez ; vous mettez pour sauce une espagnole clarifiée et de bon goût.

Canard en daube.

Il se fait de même que l'*Oie à la daube.*

Canard en chausson.

On le désosse et le farcit comme le *canard farci;* ensuite on le fait cuire avec un verre de vin blanc et autant de bouillon, un bouquet garni, sel, gros poivre; lorsqu'il est cuit, on passe la cuisson au tamis, on la dégraisse, on y met un peu de coulis pour lier la sauce que l'on fait réduire à ce point, et on la verse sur le canard.

Canard à l'italienne.

Le canard cuit dans un demi-setier de vin blanc, autant de bouillon, sel et poivre, on passe sur le feu, dans une casserole, deux cuillerées à bouche d'huile d'olive, persil, ciboule, champignons, une gousse d'ail, le tout haché; on y ajoute une pincée de farine; on mouille avec la cuisson du canard, qui doit être dégraissée et passée au tamis; on fait réduire au point d'une sauce, on dégraisse encore et on sert sur le canard.

Canard aux olives.

On flambe, on trousse les pattes en-dedans des cuisses; on les bride avec de la ficelle; on l'assujettit avec l'aiguille à brider; on lui frotte l'estomac avec un jus de citron; on met des bandes de lard dans sa casserole, son canard dessus; on le couvre de bardes, et on met une poêle pour le cuire. Une heure et demie avant de servir, on le met sur le feu, on le fait mijoter jusqu'au moment de servir; on l'égoutte, on le bride, et on le dresse ensuite sur le plat : on tourne des olives, c'est-à-dire on enlève la chair de dessus son noyau en tirebouchon; on la conserve entière pour qu'elle reprenne sa première forme; on leur fait jeter un bouillon dans l'eau; on clarifie cinq ou six cuillerées d'espagnole; on y met des olives blanchies, et on les verse sur le canard.

Canard à la purée de lentilles.

Vous préparez votre canard comme celui dit à la poêle : vous mettez des bardes de lard dans le fond d'une casserole, votre canard dessus, quelques tranches de rouelle de veau, deux carottes, trois ognons, deux clous de girofle, une feuille de laurier, un peu de thym, un bouquet de persil et ciboules; vous couvrez votre canard de bardes; vous y versez plein une cuillère à pot de bouillon : si votre canard est tendre, trois quarts d'heure suffisent pour le cuire. Au moment de servir, vous l'égouttez, le débridez et le dressez sur votre plat : vous le masquez d'une purée de lentilles.

Caneton de Rouen aux petits pois.

On fait cuire un caneton comme celui dit aux olives : on a un litre de pois fins, que l'on manie avec un petit morceau de beurre ; on les passe vivement sur un fourneau, et on les mouille avec quelque cuillerées de bouillon et d'espagnole ; on ajoute de petits morceaux de petit lard, dégorgés et blanchis, gros comme une noisette de sucre et un bouquet garni ; on écume et on dégraisse les pois, et lorsqu'ils sont cuits et à courte sauce, on les verse sur le caneton.

DES POULES D'EAU.

Il y en a de plusieurs espèces et de différentes grosseurs : les unes ont les pieds verdâtres, d'autres, couleur de rose ou rouges : elles se préparent toutes de la même façon que les canards.

DU DINDON.

Le dindon est un oiseau d'origine indienne. Il a été apporté par les missionnaires en Europe, où il s'est naturalisé et multiplié à l'infini. Il faut préférer pour la table celui qui est jeune, tendre et gras, dont la peau est blanche et les pattes noires. On préfère pour la délicatesse la femelle au mâle.

Dindon en ballon.

On le désosse à forfait sans percer la peau ; on lève toute la chair qu'on coupe par filets, et on le finit comme le *fromage de cochon.* Si on veut le servir pour entrée, on le retire pendant qu'il est chaud, et on le met sur la table avec une sauce.

Dindon à la bourgeoise.

On flambe et on épluche un dindon, on l'aplatit un peu sur l'estomac ; on en trousse les pattes ; on le fait revivre dans une casserole avec du beurre ou du lard fondu, persil, ciboule, champignons, une pointe d'ail, le tout haché très-fin ; on le met dans une autre casserole avec l'assaisonnement, sel, gros poivre ; on couvre l'estomac des bardes de lard ; on mouille avec un verre de vin blanc, autant de bouillon : on fait cuire à petit feu ; ensuite on le dégraisse, et on met un peu de coulis dans la sauce pour la lier.

Les poulets et poulardes peuvent s'accommoder de même.

Dindon à la daube.

L'usage est de manger les vieux dindons à la daube, à cet effet, après l'avoir plumé et vidé, on lui coupe les pattes, on lui trousse les cuisses en dedans qu'on assujettit avec de la ficelle ; on la flambe, on l'épluche ; on l'assaisonne de gros lard, de sel, de poivre, et de fines herbes ; on met des bardes de lard dans une braisière, le dindon par-dessus, deux jarrets de veau, les pattes du dindon, quelques carottes, quelques ognons, deux feuilles de laurier, un bouquet de persil et de ciboules ; on couvre le dindon de bardes et d'un morceau de papier beurré ; on le mouille de bouillon, on le fait mijoter pendant quatre heures : quand il est cuit, retirez du feu, dégraissez la sauce et la passez au tamis ; dressez votre dinde dans le plat, et servez la garniture autour. L'usage le plus agréable d'une dinde en d'aube est de la servir froide avec gelée.

Dinde en pain.

Votre dindon flambé et désossé à forfait, vous mettez dans le corps un petit ragoût cru composé de foie gras, de champignons, de petit lard, le tout coupé en dés et manié avec sel, fines épices, persil et ciboule hachés ; cousez le dindon et donnez-lui la forme d'un pain ; après lui avoir mis une barde de lard sur l'estomac, enveloppez-le d'un morceau d'étamine ; mettez-le cuire dans une marmite de grandeur suffisante, mais pas plus ; mouillez-le avec de bon bouillon, un verre de vin blanc, bouquet de fines herbes : quand il sera cuit, vous l'ôterez de la marmite et le tiendrez chaudement, vous passerez sa cuisson dans une casserole, après l'avoir dégraissée; vous la ferez réduire en petite sauce et y ajouterez deux cuillerées de coulis ; vous développerez le dindon de l'étamine, le déficellerez, ôterez les bardes de lard, l'essuierez de sa graisse en le pressant un peu avec un linge blanc, et servirez la sauce par-dessus.

Jeune dinde à la broche.

Votre dinde saignée, faites-la mortifier à son point, selon la température de l'air : il ne s'agit plus, après cela, que de vider, flamber, trousser et embrocher la bête convenablement bardée et enveloppée d'un papier blanc : gardez-vous de la piquer; ce procédé ne convient qu'aux dindonneaux. Un peu avant son entière cuisson, vous la déshabillez de son enveloppe, pour lui faire prendre une belle couleur, et vous la servez sur un plat long.

Dinde aux truffes.

Ayez une dinde bien grasse, et faites en sorte qu'elle soit fraîche ; épluchez, flambez et videz ; ayant soin de ne point crever l'amer. Lavez dans plusieurs eaux vos truffes, brossez et épluchez-les : hachez une partie des moins belles, du lard bien gros, mettez le tout dans une casserole ; mettez-y aussi celles qui sont entières, sel, poivre, épices et laurier ; laissez sur un feu doux pendant une heure ; retirez vos truffes ; sautez-les et laissez presque refroidir ; mettez-les dans le corps de la dinde ; recousez les ouvertures ; laissez-la se parfumer six ou huit jours, selon le temps plus ou moins froid ou chaud : bordez-la ; mettez-la à la broche enveloppé de papier beurré. Deux heures suffisent pour la cuisson ; quand elle est achevée, ôtez le papier, faites prendre couleur cinq à six minutes et servez.

Une dinde préparée comme ci-dessus est un manger succulent en daube ou braise.

Abatis de dindon en fricassée de poulet.

Vous l'accommoderez comme la fricassée de poulet.

Ailerons de dindon à l'espagnole.

Après avoir échaudé et désossé les ailerons jusqu'à la dernière jointure ; on les pare proprement, et on les saute dans un beurre de citron, on les fait cuire entre deux bardes de lard, avec une cuillerée de bon bouillon ; lorsqu'ils sont cuits, on passe la cuisson au tamis et on la clarifie avec un blanc d'œuf : on la fait réduire et on l'incorpore dans une bonne espagnole.

Ailerons aux petits ognons.

On met les ailerons dans une casserole, avec un peu de bouillon, un bouquet garni, du sel, gros poivre ; lorsqu'ils sont cuits, on dégraisse la cuisson et on la passe au tamis, on la met dans le ragoût d'ognons pour lui donner du corps : servez à courte sauce sur les ognons.

DE L'OIE.

L'oie domestique n'a point les qualités du canard, elle a la chair moins fine et de moins bon goût : on n'en fait guère usage dans les tables bien servies. L'oie sauvage a la chair plus noire, et est plus haute en goût ; on ne la sert ordinairement que rôtie.

Oie en daube à la bourgeoise.

Prenez une vieille oie, videz-la et troussez-lui les **pattes** dans le corps; ensuite vous la faites refaire sur le feu et l'épluchez; lardez-la partout avec des lardons de lard bien assaisonnés et maniés avec du persil, ciboules, deux échalotes, une demi-gousse d'ail, le tout haché, une feuille de laurier, thym et basilic, hachés comme en poudre, sel, poivre, un peu de muscade râpée; après avoir lardé l'oie, vous la ficelez et vous la mettez dans une casserole proportionnée à sa grandeur, avec deux verres d'eau, autant de vin blanc et un demi-verre d'eau-de-vie, encore un peu de sel et poivre, lutez bien la marmite, et faites cuire à très-petit feu pendant trois ou quatre heures; la cuisson faite et la sauce très-coute, pour qu'elle puisse se mettre en gelée, dressez la daube dans son plat; quant au fond, vous le dégraissez et le clarifiez lorsqu'il est pris en gelée; vous le mettez autour de votre oie.

Oie à la moutarde.

Prenez une oie jeune et tendre que vous éplucherez, viderez et flamberez, tirez-en le foie, qu'après avoir dégagé de l'amer, vous hacherez et mêlerez avec deux échalotes, persil, ciboules, le tout haché, une feuille de laurier, thym, basilic, haché comme en poudre, un bon morceau de beurre et de lard râpé, sel, gros poivre; farcissez-en l'oie et troussez-la de manière que cette farce ne puisse sortir de son corps.

Faites cuire ensuite votre oie à la broche, en l'arrosant de temps en temps avec un peu de beurre, et à mesure que vous arrosez, tenez un plat dessous pour ne point perdre ce qui en tombe; lorsque l'oie est presque cuite, vous mêlez une cuillerée de moutarde et de coulis réduit dans le beurre qui vous a servi à arroser, remettez-le sur l'oie, et panez à mesure, jusqu'à ce que tout le dessus de l'oie soit entièrement couvert de mie de pain, achevez de la faire cuire et qu'elle soit d'une belle couleur : servez avec une rémoulade que vous mettrez dans une saucière.

Oie farcie à la broche.

Prenez ou des marrons ou des châtaignes, selon votre goût, ôtez-en la première peau ; enfin préparez-les comme il est dit au *Potage à la purée de marrons ;* mettez à part ceux que vous destinez pour le ragoût ; hachez les autres dans une casserole avec la chair de quatre ou cinq saucisses et le foie d'une oie ; maniez le tout avec deux cuillerées de saindoux ou un bon morceau de beurre, des échalotes, une pointe d'ail, persil, ciboule (ou fines herbes également hachées); passez le tout ensemble sur le feu pendant un quart-d'heure; laissez refroidir si vous avez une oie jeune et tendre : après que vous aurez vidé, flambé et épluché votre oie, vous lui mettrez cette farce dans le corps; cousez-la pour que rien ne sorte; faites-la cuire à la broche, et servez-la avec un ragoût de marrons comme celui que vous trouverez à l'article *Ragoût*.

DES PIGEONS.

On en distingue de trois sortes : les gros pigeons cauchois; les pigeons de volière et les bisets. Les pigeons se mangent pendant presque toute l'année; et s'accommodent à la bourgeoise, à la braise, à l'étouffade, à la poêle, au beurre, au gratin, aux câpres, aux navets, aux roux, à la crapaudine, cu à la broche, bardés et enveloppés de feuilles de vigne; enfin de tant de manières différentes qu'on ne saurait les énumérer ici.

Pigeons à la broche.

Les pigeons vidés et flambés, on les épluche et on les bride; on leur met sous la barde une feuille de vigne, si c'est en automne : trois quarts d'heure suffisent pour les cuire.

Pigeons à la bourgeoise.

Après avoir échaudé et vidé des pigeons, on leur trousse les pattes en dedans, on les fait dégorger et blanchir un moment, et on les retire à l'eau fraîche; on les met dans une casserole entre deux bardes de lard, avec de bon bouillon et un bouquet garni; lorsqu'ils sont cuits, on dégraisse leur cuisson, et on l'incorpore dans de l'espagnole qu'on fait clarifier et réduire à son point.

Pigeons au basilic.

Prenez de petits pigeons que vous faites dégorger après les avoir vidés, et troussez les pattes en dedans; faites-les cuire dans une braise où le basilic domine; quand ils sont cuits, retirez-les de la braise pour les mettre refroidir; trempez-les ensuite dans du bon coulis réduit, et panez-les avec de la mie de pain; vous les trempez de nouveau dans l'œuf battu et assaisonné; et les panez encore de mie de pain : faites les frire, et servez garni de persil frit.

Compote de pigeons à la financière.

Vous la faites de même que celle à la royale, à l'exception que vous mettez dessus un ragoût aux truffes ou aux foies gras, au lieu d'un ragoût blanc.

Pigeons à la crapaudine.

Prenez de bons pigeons dont vous trousserez les pattes en dedans ; vous leur levez la moitié de leurs filets, lesquels vous rabattez sur leur poche, et les aplatissez sans beaucoup casser les os ; vous les trempez dans du beurre fondu et les panez avec de la mie de pain ; faites-les cuire à petit feu et d'une belle couleur dorée ; quand ils sont cuits, vous les servez avec une sauce piquante ou un jus clair.

Pigeons en matelote.

Les pigeons échaudés et les pattes retroussées en dedans, on les passe dans une casserole avec un peu de beurre, une douzaine de petits ognons blancs qu'on a laissé cuire un demi-quart d'heure dans l'eau pour les éplucher ; on ajoute un quarteron de petit lard bien entrelardé, coupé en tranches, un bouquet garni, puis on met une pincée de farine, et on mouille avec moitié bouillon et moitié vin blanc Quand les pigeons seront cuits et réduits à peu de sauce, on y mettra une liaison de trois jaunes d'œufs avec un peu de lait : au moment de servir on versera un filet de verjus.

Pigeons aux pois.

Prenez trois ou quatre pigeons ; faites-les dégorger et blanchir ; troussez les pattes en dedans ; mettez-les dans une casserole avec un litron de petits pois maniés dans un demi-quarteron de beurre, un bouquet de persil et ciboule ; passez-les sur le feu et mettez-y une pincée de farine ; mouillez avec de bon bouillon et peu de sucre ; faites cuire à petit feu et dégraissez ; lorsqu'ils sont cuits, que la sauce est courte, vous y mettez une liaison de deux jaunes d'œufs ; faites lier sur le feu sans bouillir. Servez à courte sauce.

Pigeons aux asperges en petits pois.

Coupez de petites asperges en petits pois ; lorsque vous en aurez la valeur d'un litron et demi, mettez-les dans l'eau fraîche pour les laver plusieurs fois ; vous les ferez blanchir un demi-quart d'heure à l'eau bouillante : retirez-les à l'eau fraîche et égouttez-les ; vous les passez sur un fourneau à grand feu, avec un demi quarteron de beurre et un peu de sucre; vous les liez ensuite avec précaution avec deux cuillerées de béchamelle réduite; vous faites cuire trois ou quatre pigeons comme ceux dits à la bourgeoise, et les masquez avec les pointes d'asperges.

Pigeons au court bouillon.

Ayez trois ou quatre gros pigeons flambés, vidés et troussés; lardez-les de gros lard, et mettez-les dans une marmite juste à leur grandeur, avec un bouquet de persil et ciboule, une gousse d'ail, deux échalotes, deux clous de girofle, une feuille de laurier, thym, basilic, un panais, une carotte, deux ognons, gros comme moitié d'un œuf de beurre, sel, poivre; mouillez avec un verre de vin blanc et autant de bouillon; faites cuire à petit feu; lorsque les pigeons fléchissent sous le doigt, vous passez la sauce au tamis et la faites réduire; si elle est trop courte, allongez-la avec une demi-cuillerée de verjus, ou un filet de vinaigre, et versez-la sur les pigeons.

Pigeons à la Sainte-Menehould.

Videz et troussez trois gros pigeons, en y laissant les foies; faites-les refaire; épluchez-les; mettez dans une casserole gros comme un œuf de beurre manié avec deux pincées de farine, du persil en branches, ciboule entière, deux ognons en tranches, des zestes de carotte et panais, une gousse d'ail entière, trois clous de girofle, sel, poivre, une feuille de laurier, thym, basilic; mouillez avec trois poissons de lait; faites bouillir, et ajoutez ensuite les pigeons pour les faire cuire à très-petit feu pendant une heure; lorsqu'ils sont cuits, retirez-les pour les égoutter. Enlevez la graisse de la Sainte-Menehould pour la mettre sur une assiette; trempez-y les pigeons et panez-les à mesure; faites griller de belle couleur en les arrosant avec le restant de la graisse où vous les avez trempés; servez à sec : vous mettrez une sauce rémoulade dans une saucière.

Pigeons à la poêle.

On prend pour cela de petits pigeons; on leur laisse les pattes : on les fait légèrement refaire sur le feu; on les passe dans une casserole avec un peu de bon beurre, persil, ciboule, champignons, une pointe d'ail, le tout haché, sel, gros poivre : puis on les met avec tout leur assaisonnement dans une autre casserole, foncée de tranches de veau que l'on a fait blanchir un instant à l'eau bouillante; on y met un demi-verre de vin blanc; on couvre de bardes de lard et d'une feuille de papier blanc; on pose un couvercle sur la casserole; et on fait cuire à petit feu pour que les pigeons ne fassent que mijoter, ensuite on dégraisse la cuisson, on y verse un peu de coulis pour la lier, et on la sert sur les pigeons.

Pigeons à la dauphine.

Ce sont des pigeons échaudés que l'on fait cuire entre des bardes de lard, avec un peu de bouillon, une tranche de citron, un bouquet : on les sert ensuite avec des ris de veau glacés comme les fricandeaux.

Pigeons en crépiné.

Ayez huit pigeons innocens, appropriez-les et faites-les cuire pendant un quart-d'heure dans la mirepoix : vous faites une farce à Quenelle avec des filets de votre volaille (voyez Farce à Quenelle), qui ne soit pas très-délicate, c'est-à-dire avec moins de tétine ou de beurre dedans; vous incorporez dedans une ducelle extrêmement réduite, et lorsque vos pigeons sont froids, vous les couvrez de cette farce, que vous enveloppez de deux ou trois tours de crépine de cochon, que vous soudez avec du blanc d'œuf; vous les panez avec de la mie de pain bien fine, et les repanez encore avec de la mie de pain, après les avoir trempés dans de l'œuf entier, battu et assaisonné : vous arroserez cette dernière panure avec quelques gouttes de beurre, et lui ferez prendre une belle couleur dans un four d'une moyenne chaleur.

Pigeons en beignets.

On emploie encore pour ce mets des pigeons desservis de table. On les coupe par moitié, et on leur fait prendre goût dans un assaisonnement; on les met refroidir; ensuite on les trempe dans une pâte faite de farine, vin blanc, une cuillerée d'huile et du sel; on les fait frire, et on entoure le plat de persil frit.

DU CHAPON.

Le chapon de sept ou huit mois est le meilleur; il se sert ordinairement rôti. Si par hasard il était un peu dur, on le ferait cuire comme la dinde en daube (voyez dinde en daube). Quand on le sert en rôt, à l'époque du cresson, on en met autour et on l'assaisonne de sel et de vinaigre.

4

Chapon poêlé.

Après avoir plumé, flambé légèrement, épluché et vidé votre chapon, vous lui coupez les pattes sur cuisses et vous les bridez; vous mettez des bardes de lard dans une casserole, votre chapon par-dessus; vous les couvrez de tranches bien minces de citron, et vous les couvrez de bardes de lard et une poêle par-dessus. Une heure suffit pour le cuire.

DU COQ ET DE LA POULE.

On s'en sert ordinairement pour en faire du bon bouillon et de la gelée de viande. Ils sont aussi excellens pour faire du bon consommé et donner du corps et du moelleux à toutes sortes de sauces et de ragoûts.

DE LA POULARDE.

La poularde se sert souvent pour plat de rôt. Dans le temps du cresson, on en met tout autour assaisonné de sel et de vinaigre.

Les foies gras des poulardes, chapons, dindons et gros poulets, sont employés dans beaucoup de ragoûts. On les met aussi en caisse, ce qui s'opère avec du papier graissé d'huile, et on les fait cuire dans un four, dans leur jus, avec persil, ciboule, champignons, le tout haché, bardes de lard dessus et dessous, un peu de beurre et un jus de citron. *

Les poulardes à la broche peuvent aussi se mettre en entrée; en les servant avec les mêmes sauces et ragoûts que les poulets (voyez poulets). Il en est de même des chapons.

Si on ne les jugeait pas assez tendres pour la broche, ou même que l'on veuille les diversifier, on les met en fricandeau (voyez Fricandeau), ou à la tartare ou au gros sel.

Poularde ou chapon au gros sel.

Quand elle est flambée, vidée et troussée, après l'avoir fait blanchir un instant, on met une barde de lard sur l'estomac pour le tenir blanc; on la ficelle et on la fait cuire dans la marmite; lorsqu'elle fléchit sous le doigt en tâtant la cuisse, on la sert avec un peu de bouillon et du gros sel par-dessus.

Poularde à la bourgeoise.

Vous mettez dans le fond d'une casserole un peu de bon beurre, deux ognons coupés en tranches, et votre poularde flambée, vidée, troussée dessus, l'estomac en dessous ; on la couvre de deux ognons en tranches, deux racines coupées en filets, ou bouquet garni de toutes sortes de fines herbes, un peu de sel ; vous la faites cuire ainsi sous la cendre chaude ; à la moitié de la cuisson, vous ajoutez un demi-verre de vin blanc; quand elle est cuite, vous dégraissez la sauce, la passez au tamis, y mettez un peu de coulis et la servez sur la poularde.

Poularde entre deux plats.

Votre poularde flambée, vidée et troussée, faites-la refaire dans une casserole, sur le feu, avec un morceau de beurre, sel, poivre, persil, ciboule, champignons, une pointe d'ail, le tout haché. Mettez dans le fond d'une casserole des tranches de veau, la poularde par-dessus avec son assaisonnement ; couvrez-la de bardes de lard, et faites-la cuire sur la cendre chaude. Quand elle sera cuite, vous dégraisserez la sauce, la passerez au tamis, y mettrez une cuillerée de coulis et un filet de verjus; vous vous assurerez si la sauce est de bon goût, et la verserez sur la poularde.

Poularde à la persillade.

Prenez une poularde crue, ou cuite à la broche et qui a déjà été servie sur la table, qu'elle soit ou non entamée ; coupez-la par membres, et faites la cuire dans une casserole avec du bouillon, du coulis, sel, un peu de gros poivre; lorsqu'elle est cuite et la sauce assez réduite, mettez-y une bonne pincée de persil haché très-fin que vous aurez fait cuire un moment dans l'eau : avant de le hacher, il faut le bien presser. Au moment de servir, mettez un filet de verjus.

Poularde en chipolata.

L'accommodement est le même que pour les ailerons de dindon (Voyez *ailerons de dindons en chipolata*); on prend des ailerons ou des cuisses, ou même une poularde entière.

Poularde aux ognons.

Choisissez une poularde bien tendre ; faites-la cuire a la broche ou à la braise, comme la poularde entre deux plats ; mettez la sauce de cuisson dans le ragoût d'ognons pour lui donner du corps.

Le ragoût d'ognons se fait ainsi : vous coupez la tête et la queue de petits ognons blancs, vous les laissez un quart d'heure dans de l'eau bouillante, et quand ils sont rafraîchis, vous en ôtez la première peau, vous les faites cuire ensuite avec du bouillon ; lorsqu'ils sont cuits et égouttés, vous les mettez prendre goût dans un bon coulis bien assaisonné, en leur faisant faire quelques bouillons sur un fourneau.

On peut, si on veut, farcir la poularde à la broche, avec son foie, du persil, de la ciboule et des champignons, le tout haché, assaisonné de sel et de poivre, et mêlé avec du lard râpé, on la coud pour que la farce ne sorte point, et on la met cuire enveloppée de lard et de papier.

Poularde à la cuisinière.

Votre poularde farcie comme la précédente, en se servant toutefois de beurre au lieu de lard râpé et d'une pointe d'ail au lieu d'échalotes, vous la mettez à la broche; lorsqu'elle est cuite, arrosez le dessus avec un peu de beurre où vous avez délayé un jaune d'œuf; panez avec de la mie de pain ; faîtes-lui prendre au feu une belle couleur dorée, et servez-la avec la sauce suivante : on met dans une casserole un demi-verre de bouillon, un peu de vinaigre, gros comme la moitié d'un œuf de beurre manié avec une bonne pincée de farine, sel, gros poivre, de la muscade râpée, et on fait lier sur le feu.

Poularde à la béchamelle.

On prend une poularde cuite à la broche, on la laisse refroidir, et on la coupe par membres; on en lève les chairs, lesquelles on émince proprement, et on les lie avec une béchamelle réduite et d'un bon goût; on la met sur le plat avec des œufs mollets autour : on peut encore la mettre dans une casserole au riz.

Poularde à la reine.

Votre poularde cuite dans une poêle, vous la laissez refroidir; vous en lèverez les chairs de l'estomac; avec ces chairs vous ferez une farce cuite; vous en remplirez votre poularde et vous lui donnerez sa forme première : enveloppez le tour de votre volaille avec des bardes de lard que vous assujettirez avec de petites chevilles de bois : vous la mettrez sur une tourtière au four, ou bien vous placerez votre tourtière sur un feu doux, pendant une heure. Au moment de servir, vous ôterez les bardes qui entourent votre poularde et vous la dresserez sur un plat : vous mettrez pour sauce un velouté clarifié et d'un bon goût.

Poularde au riz et à l'espagnole.

Vous prenez une poularde bien blanche, que vous flambez et désossez, à l'exception du croupion, et la farcissez de riz ainsi préparé.

Vous mettez dans une casserole une demi-livre de riz épluché et bien lavé, avec trois fois son volume de bon bouillon, ou mieux de consommé ; vous faites mijoter votre riz pendant trois quarts d'heure ; vous mêlerez quatre cuillerées d'espagnole bien réduite avec votre riz auquel vous ajouterez un petit morceau de beurre.

Votre poularde farcie, vous la ficellerez et la ferez cuire entre deux bardes de lard, avec deux cuillerées à pot de bon consommé ; lorsqu'elle sera cuite, vous vous servirez du fond pour faire du riz pareil à celui que vous avez mis dedans, mais moins crevé et par conséquent moins mouillé. Vous mettrez votre poularde sur un plat, après l'avoir débridée, et au tour, de ce riz ainsi préparé.

Poularde accompagnée.

La poularde vidée, on ôte l'os du briquet de l'estomac, et on la remplit avec un ragoût mêlé comme celui à l'article *ragoûts ;* on la fait cuire à la broche, enveloppée de lard et de papier ; on sert avec une sauce à l'espagnole ou à la sultane.

Poularde aux truffes

On épluche deux livres de truffes de Périgord (ce sont les meilleures), et après les avoir bien lavées et égouttées, on les met dans une casserole avec une bonne livre de lard râpé ou du sain-doux (mais c'est moins bon), du sel, poivre, muscade râpée, échalotes, persil et les parures de vos truffes, le tout haché, un bouquet d'aromates ; on les fait chauffer un instant sur le feu, et on les met toutes bouillantes dans la poularde, que l'on aura auparavant flambée et vidée ; on la laisse ainsi autant de temps qu'elle peut se conserver, afin que la poularde prenne bien le goût des truffes, et on la fait cuire à la broche, enveloppée de deux ou trois feuilles de papier huilé ; on aura soin de mettre sur la poularde quelques lames de citron pour la tenir blanche. Cependant beaucoup de personnes la préfèrent à la peau de gora ; on met pour sauce une espagnole, dans laquelle on met une demi-bouteille de vin de Champagne réduite, et quelques truffes hachées.

Nota. Si l'on veut que la poularde sente beaucoup la truffe, on n'a qu'à les mettre dans le corps au moment où elle vient d'être tuée : cette manière est préférable à toutes.

Cuisses de poulardes.

Elles se préparent comme celles de poulets, soit en friteau, soit en bigarrure; on peut aussi en faire des croquettes.

Croquettes de volailles.

On a six ou huit cuisses de poulardes ou de poulets, rôties ou bouillies, n'importe; étant froides, on enlève les peaux et on coupe la chair en petits dés. On fait réduire de la béchamelle, et lorsqu'elle est bien serrée, on la lie avec trois jaunes d'œufs et un jus de citron ; on mêle la chair avec cette réduction, et on l'étend carrément sur un couvercle d'un demi-pouce d'épaisseur ; on la coupe en petits bâtons bien égaux que l'on pane avec de la mie de pain ; on les trempe dans de l'œuf battu et assaisonné, et on les pane de nouveau. Au moment de servir, on fait frire dans une friture chaude. et on dresse sur le plat avec du persil frit au milieu.

On peut faire des croquettes soit en forme de poire, en queue ou en boule.

DU POULET.

On en compte de quatre espèces : 1º les poulets gras ; 2º les poulets aux œufs; 3º les poulets à la reine; 4º les poulets communs. Le poulet à la reine est le plus estimé, le poulet aux œufs est après; le poulet gras qui est le plus fort, est très-estimé, quand il est bien blanc en chair et en graisse.

Fricassée de poulets.

Prenez deux poulets gras que vous flambez, épluchez et videz; coupez-les par membres, et faites-les dégorger dans de l'eau tiède ; vous les faites blanchir légèrement et les égouttez ensuite sur un torchon ; vous les passerez au beurre, sur un fourneau un peu vif, et y mettez quelques champignons et une poignée de farine que vous délayez avec deux cuillerées à pot de consommé ou de bon bouillon; ajoutez-y un bouquet bien assaisonné; ayez bien soin de l'écumer souvent, et ne le dégraissez qu'à la fin; lorsque les poulets sont cuits, vous les égouttez sur un torchon blanc, et les mettez ensuite dans une petite casserole; vous faites réduire la sauce si elle ne l'est pas assez, et la liez avec trois jaunes d'œufs, un bon

morceau de beurre et du jus de citron ; vous la passez à l'étamine, sur les poulets, que vous tenez chaudement au bain-
marie, jusqu'à ce que vous serviez.

Fricassée de poulets à la bourdois.

Cette fricassée se fait de même façon que la précédente, à
cette différence que, quand elle est dressée sur son plat,
on la pane de mie de pain sur laquelle on met de petits morceaux de beurre gros comme de petits pois, et à laquelle on
fait prendre une belle couleur dessous un four de campagne.
Cette façon est bonne pour masquer une fricassée desservie de
table.

Poulets à la tartare.

Flambez, épluchez et videz deux poulets gras ; vous les par-
tagez en deux et leur ôtez les os qui pourraient nuire à leur
mine ; vous les assaisonnez de sel, de poivre, les trempez dans
du beurre fondu et les panez avec de la mie de pain ; quand
ils sont grillés et d'une belle couleur, vous les mettez dans
une rémoulade que vous faites ainsi : Mettez deux jaunes
d'œufs dans une casserole avec une cuillerée de moutarde ;
vous délayez cela, pour commencer avec quelques gouttes
d'huile fine, et lorsque vous voyez que cela commence à épais
sir, vous en faites boire à peu près un bon verre et demie en
totalité ; vous l'assaisonnez de sel, gros poivre, persil et échalotes hachés, et d'un filet de vinaigre. Beaucoup de personnes
se servent de sauce tournée ; ce n'est plus pour lors une rémoulade.

Poulets en caisses.

Flambez, videz et troussez deux poulets ; laissez les ailes et
aplatissez un peu les poulets : faites-les mariner avec persil,
ciboule, échalote, ail, le tout haché et assaisonné d'huile fine,
sel et gros poivre ; préparez une caisse de papier ; mettez-y les
poulets avec tout leur assaisonnement et couvrez-les de bardes
de lard et de papier ; faites-les cuire à petit feu sur le gril ou
sous un four de campagne ; la cuisson faite, vous ôtez les fines herbes et les bardes, et vous servez dans la caisse, en mettant quelques gouttes de verjus sur les poulets. On peut aussi
les ôter de la caisse, et les servir avec telle sauce que l'on
voudra.

Poulets à la poêle

Fendez en deux par le milieu de l'estomac deux poulets moyens ; passez-les dans une casserole avec un morceau de beurre, une pointe d'ail, deux échalotes, des champignons, persil, ciboule, le tout haché : mettez-y une pincée de farine ; mouillez avec un verre de vin blanc, autant de bouillon ; assaisonnez de sel, gros poivre ; faites cuire et réduire à courte sauce : dégraissez avant de servir.

Poulets à la matelote.

Faites blanchir un demi-quart d'heure à l'eau bouillante une douzaine de petits ognons blancs dont vous retrancherez la tête et la queue ; lorsqu'ils seront refroidis vous en ôterez la première peau : vous couperez, en forme de bâton, de la longueur de deux doigts, deux moyennes carottes et un panais : vous mettrez dans une casserole un morceau de beurre avec deux pincées de farine ; vous ferez un roux couleur de cannelle ; vous mouillerez avec un verre de vin blanc, autant de bouillon ; vous y mettrez les carottes, les petits ognons, un bouquet bien garni, sel, gros poivre ; vous ferez bouillir à petit feu une demi heure ; ensuite vous couperez en quatre un gros poulet ou deux petits, que vous aurez flambés, épluchés, vidés et fait revenir sur le feu ; vous l'ajouterez à votre ragoût avec le foie, le cou, les ailes et les pattes, si vous le jugez à propos ; vous laisserez bouillir le tout à petit feu pendant une heure ; la cuisson faite et la sauce réduite, vous la dégraisserez, y mettrez un anchois haché, une pincée de câpres, et servirez chaudement.

Poulets aux grains de verjus.

Vos poulets farcis comme les précédens, mais sans estragon ni cerfeuil, est mis à la broche ; vous passez dans une casserole avec un peu de beurre, deux ognons, une gousse d'ail, persil, ciboule, une carotte, un panais, deux clous de girofle ; lorsque le tout est coloré, vous mettez une bonne pincée de farine, et mouillez avec un verre de bouillon ; vous laissez réduire à moitié ; vous passez au tamis, vous prenez une bonne poignée de verjus en grains, bien verts, dont vous ôtez les pépins ; et les faites blanchir un instant à l'eau bouillante ; vous les retirez pour les égoutter, et les mettez dans la sauce avec deux jaunes d'œufs ; vous faites lier sur le feu sans bouillir, en tournant toujours ; aussitôt que la sauce s'épaissit, vous la servez sur les poulets.

Poulets à la gibelotte.

On coupe les poulets par membres et on les met dans une casserole avec des champignons , un bouquet de persil et ci-boule , une gousse d'ail , une feuille de laurier , thym , ba-silic , deux clous de girofle, un peu de beurre ; on le passe sur le feu ; on y met deux pincées de farine ; on le mouille avec un verre de vin blanc et de jus ce qu'il en faut pour colorer le ragoût, sel, gros poivre ; on l'écume ; on le dé-graisse , et on le fait cuire de manière que la sauce ne soit pas trop longue.

Poulets aux petits pois.

On coupe les poulets par membres et on les met dans une casserole avec un litron de petits pois , un morceau de beurre, un bouquet de persil et ciboule ; on les passe sur le feu , et on les mouille avec quelques cuillerées de coulis, un peu de consommé et du blond de veau ; on y ajoute gros comme une noix de sucre , et on les fait cuire ainsi à petit feu pendant une heure et demie , enfin, jusqu'à ce que vos poulets soient cuits. Au moment de servir , on les dégraisse et on les sert à courte sauce.

Poulet à la broche.

Videz votre poulet , flambez-le , bridez-le et piquez-le de lard fin , ou couvrez-le de bardes de lard ; vous attachez les pattes sur la broche : tâchez que votre poulet soit cuit à point.

Poulet à la Sainte-Menehould.

Après avoir flambé, vidé et troussé les pattes dans le corps à deux poulets, vous les partagerez en deux et les mettrez dans une casserole avec un morceau de beurre , un verre de vin blanc , sel , gros poivre , un bouquet de persil et ciboule, une gousse d'ail , du thym , du laurier , du basilic , deux clous de girofle , faites cuire vos poulets à petit feu , et lors-qu'ils seront cuits , vous ôterez le bouquet et lierez la sauce avec deux cuillerées de coulis ; vous la ferez réduire et l'atta-cherez sur vos poulets que vous panerez de mie de pain ; trempez-les encore dans des œufs battus et assaisonnés ; pa-nez-les de nouveau ; faites-les griller d'une belle couleur , et servez-les chaudement avec une bonne sauce claire.

4..

Cuisses de poulets en bigarrure.

Vous levez les cuisses de quatre poulets bien blancs, sans faire de croupions ; vous les désossez entièrement, et, à la place de l'os de la cuisse, vous y mettez la patte ; vous les assaisonnez en dedans, et les bridez en leur donnant une belle forme ronde ; vous les faites raidir une minute dans du beurre fondu, et les mettez sur un plafond ; vous les couvrez avec un couvercle de casserole, sur lequel vous mettez un poids par-dessus ; lorsqu'elles sont froides, vous en piquez quatre de lard du même côté, c'est-à-dire les quatre cuisses gauches ou les quatre droites, et quatre autres de clous de truffes bien noires ; vous les faites cuire au four, entre deux bardes de lard et du bon consommé, ou de la mirepoix ; vous glacez d'une belle couleur celles qui sont piquées de lard, et les dressez en miroton avec de la chicorée au milieu, ou ce que vous jugez à propos.

Poulets en entrées de broche.

Si vous voulez servir des poulets gras ou à la reine pour entrées, faites-les cuire ainsi à la broche : vous les flambez, videz et leur mettez dans le corps un peu de lard râpé, le foie du poulet et du persil hachés, très-peu de sel ; ensuite vous les cousez pour retenir la farce ; vous les faites refaire sur le feu dans une casserole avec un morceau de beurre ou de la graisse de la marmite, et vous les mettez cuire à la broche, enveloppés de lard et de papier : ayez soin que le feu ne soit pas trop ardent, de crainte qu'ils ne se colorent, parce que les poulets en entrée de broche doivent se servir blancs. Quand vos poulets sont cuits, vous les dressez sur un plat, et mettez telle sauce ou ragoût que vous jugez bon.

FAISANS ET FAISANDEAUX.

Après avoir plumé, vidé et flambé le faisan, on le pique de lard bien fin, et on le fait cuire à la broche, ayant soin qu'il prenne une belle couleur.

On le sert aussi en entrée de broche, avec une petite farce de leurs foies, qu'on fait en les hachant avec du lard râpé, persil, ciboules, sel, gros poivre et deux jaunes d'œufs : enveloppez-les de bardes de lard et de papier : on les sert avec la sauce qu'on jugera à propos.

Faisan à l'étouffade.

Votre faisan plumé, vidé et flambé, vous faites rentrer les
cuisses en dedans; vous le bridez et piquez de moyens lardons assaisonnés de sel, gros poivre, et des quatre épices;
vous en lardez l'estomac et les cuisses; vous le couvrez d'une
barde de lard et le ficelez: vous foncez une braisière de toutes
sortes de légumes et d'un bouquet garni; vous y mettez quelques tranches de veau et votre faisan par-dessus; vous le couvrez encore de quelques tranches de veau; de manière qu'il
soit bien étouffé, et le mouillez avec une demi-bouteille de
vin de Madère sec; quand il est cuit, ce que vous connaissez
en appuyant votre doigt dessus, vous le retirez et le mettez
sur le plat, après l'avoir approprié: faites réduire et clarifier
son fond, et mettez-le dessus pour sauce.

DES CANARDS SAUVAGES.

La femelle est estimée la meilleure. Les canards sauvages se
servent ordinairement pour rôt, sans être piqués ni bardés;
après les avoir flambés et vidés, on en fait aussi des entrées,
cuits à la broche et refroidis; on en tire des filets qu'on met
à différentes sauces, comme au jus de citron, aux anchois,
câpres et en salmis. (Voyez *canard domestique*.)

DES ROUGES, SARCELLES ET ALBRANS.

La sarcelle se fait cuire à la broche, flambée et vidée, sans
être piquée ni bardée, et se sert pour rôt. Si on veut les mettre en entrée, on les enveloppe de papier, et on les sert avec
un ragoût d'olives, aux truffes, montans de cardons, aux navets, sauce à la rocambole.

Les rouges se servent ordinairement pour plat de rôt dis-
tingué, et les albrans comme les sarcelles.

DES ALOUETTES OU MAUVIETTES.

Le temps où les mauviettes sont les meilleures, est vers la
fin d'automne et dans l'hiver. Elles sont alors plus délicates et
plus grasses.

Alouettes à la broche.

Vous piquez ou bardez vos alouettes, moitié l'un, moitié
l'autre. Vous ne les videz point. Mises à la broche, vous

placez dessous des rôties de pain pour recevoir ce qui en tombe. Servez alors vos alouettes sur les rôties pour un plat de rôt.

Alouettes en tourte.

On les vide ; on met tout ce que l'on retire de l'intérieur, hormis le gésier que l'on jette, avec du lard râpé dans le fond de la tourte, les alouettes par-dessus, auxquelles on a ôté pattes et tête, après les avoir passées sur le feu dans une casserole, avec un peu de bon beurre, persil, ciboule, champignons, le tout haché, et qu'on les a laissées refroidir. On finira la tourte comme il est expliqué à l'article des *tourtes*.

Alouettes en salmis à la bourgeoise.

Quand elles sont cuites à la broche (vous vous servez de celles qu'on a desservies de la table), vous leur ôtez les têtes et ce qu'elles ont dans le corps ; vous jetez les gésiers, et pilez tout le reste avec les rôties dans un mortier ; vous délayez ensuite ce que vous avez pilé avec un peu de bouillon ; vous le passez à l'étamine, et assaisonnez ce petit coulis de sel, gros poivre, un peu de rocambole écrasée, un filet de verjus : vous faites chauffer dedans les alouettes sans qu'elles bouillent, et servez garni de croûtons frits.

Alouettes aux fines herbes.

Plumez, troussez et flambez les alouettes ; mettez un bon morceau de beurre dans une casserole, avec douze ou quinze alouettes, du sel, du gros poivre, un peu d'aromates pilées ; vous les posez sur un feu ardent ; lorsque vous les avez sautées dans votre beurre pendant sept ou huit minutes, vous y mettez plein une cuillère à bouche de persil haché bien fin, autant d'échalotes hachées de même, des champignons aussi hachés ; vous les sautez avec des fines herbes encore sept ou huit minutes ; vous y versez plein deux cuillerées à dégraisser d'espagnole, une cuillerée de consommé, et les remuez dans leur sauce sur le feu ; au premier bouillon, retirez-les et servez.

DES RAMIERS ET RAMEREAUX.

Les ramiers et ramereaux sont une espèce de pigeons sauvages qui se servent pour d'excellens plats de rôts : vous les piquez et les faites cuire de belle couleur. On en fait aussi des entrées de plusieurs façons, en les accommodant comme les pigeons. (Consultez l'article des *Pigeons*).

DE LA PERDRIX ET DU PERDREAU.

Les perdreaux gris se connaissent d'avec la perdrix quand ils ont la première plume de l'aile pointue, le bec noir et les pattes noires; vous êtes sûr alors qu'ils sont jeunes : pour la bonté, il faut distinguer la fraîcheur et le fumet.

Les perdreaux rouges se distinguent aux pattes qui sont entièrement rouges, et au plumage qui a plusieurs couleurs différentes. La perdrix rouge est plus estimée que la grise.

Perdreaux à la broche.

Les perdreaux se servent communément à la broche. On les plume, vide et pique, et on les fait cuire de belle couleur.

Perdreaux en entrée.

Si on veut les servir pour entrée, on fait une petite farce de leur foie avec du lard râpé, un peu de sel, persil et ciboules hachés; on met cette farce dans le corps, que l'on coud ensuite; on trousse les pattes sur l'estomac; on les fait refaire dans une casserole avec un peu de beurre; on les fait cuire à la broche, enveloppés de lard et de papier, et on les sert avec telle sauce qu'on juge à propos, comme à la carpe, à l'espagnole, aux zestes d'oranges, à la sultane, au ragoût aux truffes, de montans de cardons, aux olives, au salpicon.

On met encore les perdreaux sur le gril en papillotes.

Perdrix aux choux.

Vous avez deux ou trois perdrix que vous plumez et videz; vous les flambez légèrement; piquez-les de moyens lardons assaisonnés de sel, gros poivre; vous leur troussez les pattes et les bridez.

Mettez dans une casserole, avec vos perdrix, des bardes de lard, une livre de petit lard bien blanchi et bien nettoyé, un cervelas, quelques tranches de veau; couvrez vos perdrix de bardes de lard; ajoutez quelques carottes et ognons, deux clous de girofle, deux feuilles de laurier; faites blanchir vos choux, ficelez-les, pressez-les et mettez-les par dessus vos perdrix : vous les couvrirez de bardes de lard; les mouillerez avec plein deux cuillères a pot de bouillon; et recouvrirez le tout d'un rond de papier beurré ; faites mijoter pendant deux heures ; au moment de servir, vous les égouttez, débridez et dressez sur votre plat ; vous égouttez aussi vos choux, les pressez pour les sécher, et les dressez à l'entour de vos perdrix ; coupez votre lard en morceaux, et placez-les de distance en distance, sur vos choux, avec votre cervelas : vous mettez dessus une sauce espagnole.

DES BÉCASSES, BÉCASSINES ET BÉCASSEAUX.

Ce gibier se sert cuit à la broche pour rôt, piqué et bardé de feuilles de vigne. On ne le vide point. On met dessous des rôties de pain pendant sa cuisson, pour en recevoir ce qui tombe, et on sert des rôties.

Bécasses en entrée.

On les plume, on les flambe, on les fend par derrière pour les vider ; on hache tout ce que l'on retire de l'intérieur, hormis le gésier que l'on jette, et on le mêle avec du lard râpé ou un morceau de beurre, persil et ciboule hachés, un peu de sel ; on met cette farce dans le corps et on coud l'ouverture ; on trousse les pattes, et on fait cuire les bécasses à la broche, enveloppées de lard et de papier ; lorsqu'elles sont cuites ; on les sert avec sauce ou ragoût, comme aux perdreaux.

Les bécassines et les bécasseaux s'accommodent de même. On en fait aussi des tourtes, mais au lieu de mettre la farce dans le corps du gibier, on la met au fond de la tourte, le gibier par dessus, et on finit comme il est dit à l'article tourtes.

Salmis de bécasses.

Vous avez quatre bécasses rôties à la broche dont vous levez les membres ; quand elles sont froides, vous les parez et les mettez dans une casserole ; vous tirez un consommé des débris, avec une demi-bouteille de vin blanc, échalotes émincées, thym, laurier, basilic, quelques parures de champignons, un bouquet de persil, ciboules ; lorsque vous voyez que le fumet peut en être extrait, vous passez ce fond au tamis, le clarifiez à l'œuf, et le faites réduire à la glace, pour l'incorporer dans de l'espagnole clarifiée et que vous faites réduire de manière qu'elle se soutienne un peu sur vos bécasses : une demi-heure avant de servir, vous passez cette sauce à l'étamine sur le gibier, et y ajoutez gros comme un œuf de beurre frais et quelques gouttes de jus de citron : on met aussi ordinairement des champignons passés au beurre : vous dressez votre salmis sur le plat, avec des croûtons de pain frits au beurre par-dessus ou entre chaque membre, et avec les champignons par-dessus.

DE LA CAILLE ET DES CAILLETEAUX.

C'est sur la fin de l'automne qu'on peut avoir les cailles les plus grasses et les meilleures.

Ces oiseaux se servent cuits à la broche pour rôt : alors on les plume, on les vide, on les fait refaire sur de la braise, on les enveloppe de feuilles de vigne et on les barde de lard.

Pour entrée, on les fait cuire dans une braise avec des tranches de veau, un bouquet garni, des bardes de lard, un peu de bon beurre, très-peu de sel, un demi-verre de vin blanc, une cuillerée de bouillon, en les faisant aller à très-petit feu : quand ils seront cuits, on les retire ; on met dans leur cuisson un peu de coulis ; on dégraisse la sauce que l'on passe au tamis ; on s'assure si elle est de bon goût, et on la sert sur la caille ou les cailleteaux. Accommodés de cette manière, on peut les garnir d'écrevisses ou de riz de veau que l'on fait cuire avec les cailles.

Cailles aux choux.

Vous les arrangerez comme la perdrix aux choux (Voyez perdrix aux choux.)

Cailles au salpicon.

Les cailles cuites à la broche ou à la braise, on les sert avec un salpicon.

DES ORTOLANS.

Les ortolans sont des petits oiseaux très-délicats et excellens. Ils se servent pour rôts. On les larde en les embrochant avec des brochettes d'argent, on les met à un feu ardent : neuf ou dix minutes suffisent pour les cuire. On met des rôties dessous comme aux mauviettes.

DE LA GRIVE.

C'est ordinairement dans l'automne qu'on fait usage des grives, parce que c'est dans ce temps qu'elles sont plus grasses et plus délicates ; elles se servent pour rôts ; en conséquence, après les avoir plumées et flambées, on leur ôte le gésier, on les barde, on leur passe ensuite un hatelet d'outre en outre par le flanc ; on les attache ensuite à la grosse broche, avec des rôties dessous, comme on en use à l'égard des alouettes ou mauviettes.

On en fait aussi des entrées différentes comme des bécasses : ce sont absolument les mêmes procédés à suivre.

DES PLUVIERS.

Les pluviers sont des oiseaux excellens quand ils sont gras ; ils se servent ordinairement pour rôt ; alors on les plume et on les pique sans les vider ; on les fait cuire à la broche ; quand ils sont cuits, et d'une belle couleur dorée, on les sert avec des rôties dessous. On les sert aussi en entrées de broche ; et on peut les employer comme les bécasses.

Si on veut les servir à la braise, on les fait cuire comme des cailles, et on les sert de la même façon.

DU LIÈVRE ET DU LEVRAUT.

Le levraut se sert pour rôt. On le dépouille de sa peau, on le vide, on le fait refaire sur la braise et on le pique ; quand il est cuit, on le sert avec une sauce au vinaigre, sel et poivre, que l'on présente à part dans une saucière. Si on veut le mettre en entrée, lorsqu'il est cuit et refroidie, on en tire des filets que l'on incorpore avec une poivrade liée, une sauce à l'échalote, ou autre sauce piquante.

Civet de lièvre à la poivrade.

Vous coupez votre lièvre par membres (gardez le sang, s'il y en a) ; mettez-le dans une casserole, avec un morceau de beurre, un bouquet bien garni ; passez-le sur le feu ; mettez-y une poignée de farine ; mouillez avec deux bouteilles de vin rouge, et assaisonnez-le de sel et poivre ; vous y mettez des petits morceaux de petit lard et des petits ognons passés au beurre ; ayez bien soin d'écumer et dégraisser. Quand il est cuit à courte sauce, vous ôtez le bouquet et le liez avec son sang, comme si vous mettiez une liaison.

Pâté de lièvre froid.

Vous désossez entièrement un lièvre, et le piquez de lardons bien assaisonnés ; vous faites une petite gelée de ses os joints à deux bons jarrets de veau et une bonne tranche de bœuf, le tout bien assaisonné. Vous faites revenir votre lièvre dans une livre de beurre, et faites un pâté froid. (Voyez la manière de le faire.)

Filets de lièvre en civet.

On prend un lièvre rôti qu'on a desservi de la table, on en lève toutes les chairs, et on les coupe en filets : on concasse un peu les os, et on les met avec les flancs dans une casserole avec gros comme moitié d'un œuf de beurre, quelques ognons en tranches, une gousse d'ail, une feuille de laurier, deux clous de girofle ; on les passe sur le feu, et on y met une bonne pincée de farine mouillée avec un verre de bouillon et deux verres de vin rouge, sel, poivre ; on fait bouillir une demi-heure et réduire à moitié ; on passe la sauce au tamis, on met les filets de lièvre avec un peu de vinaigre : faites chauffer sans bouillir.

Filets de lièvre à la poivrade.

On prépare ces filets comme les précédens (si on n'en a point assez pour garnir un plat, on laisse les os, et on coupe les morceaux gros et d'égale grosseur), on les met dans une casserole avec une sauce à la poivrade de haut goût ; on fait chauffer sans bouillir, et on sert chaudement.

Levraut au sang.

En dépouillant et vidant un levraut, prenez garde d'en perdre le sang que vous mettrez à part ; vous le coupez par membres que vous lardez, si vous voulez, de gros lard ; mettez-les dans une casserole avec le foie et gros comme un œuf de beurre, un bouquet garni de persil, ciboule, échalote, ail, clous de girofle, laurier, thym, basilic ; passez-les sur le feu, et jetez-y une pincée de farine ; mouillez ensuite avec trois verres de bouillon, un demi-setier de vin rouge, une cuillerée de vinaigre, sel, gros poivre ; faites bouillir jusqu'à ce que le levraut soit bien cuit, et qu'il ne reste plus que peu de sauce ; alors vous retirez le foie, vous l'écraserez bien et le mêlerez avec le sang que vous avez gardé ; au moment de servir, vous mettrez le sang dans votre ragoût, et vous ferez lier la sauce, sans bouillir, comme une liaison de jaunes d'œufs ; ensuite vous y jetterez une demi-poignée de câpres fines entières, et vous dresserez sur le plat.

DU LAPIN ET DU LAPEREAU.

Pour connaître un lapin d'avec un lapereau, il faut le tâter sur le dehors des pattes de devant, au-dessus du joint ; si vous trouvez une grosseur comme une petite lentille, c'est une marque qu'il est jeune. Pour le fumet, il faut le flairer au ventre, et l'usage vous apprendra à connaître les bons.

Les lapereaux se servent ordinairement pour rôt; mais on les emploie aussi en différentes entrées.

Lapins au coulis de lentilles.

Coupez-le par membres et faites-le cuire avec du bon bouillon, du petit lard, un bouquet garni, sel et peu de poivre. Vous faites aussi cuire un litron de lentilles à la reine, avec du bouillon sans sel et quelques ognons roussis au beurre; quand elles sont cuites, vous les passez à l'étamine avec leur bouillon : retirez ensuite le lapin et le petit lard de sa cuisson; dégraissez-la et incorporez-la dans la purée; vous la faites bouillir sur un fourneau et mijoter dans la cendre chaude; par ce moyen, elle prendra une belle couleur : un instant avant de servir, vous la dégraissez et la faites réduire; ajoutez-y un morceau de sucre, si elle est trop âcre; dressez vos lapereaux que vous aurez eu soin de tenir chaudement dans une casserole, et masquez-les avec la purée et le petit lard à l'entour. Cette entrée se sert ordinairement dans une casserole d'argent ou une terrine de fayence ou de porcelaine.

Lapins en matelotte.

On coupe un lapin par membres; on les passe avec un verre de vin rouge, deux de bouillon, et on ajoute un bouquet bien garni, sel et poivre; on fait cuire à petit feu; une demi-heure après on y met une douzaine de petits ognons blanchis, et si on veut ajouter une anguille coupée par tronçons, on aura soin de ne la mettre qu'aux trois quarts de la cuisson du lapin. Avant de servir, on ôte le bouquet, on dégraisse la sauce, on y jette une bonne pincée de câpres entières, un anchois haché, et on sert avec des croûtons passés au beurre, la sauce par-dessus.

Lapins aux petits pois.

On les coupe par morceaux et on les fait cuire comme les poulets aux petits pois. (Voyez poulets aux petits pois.)

Lapins en gibelotte.

Votre lapin dépouillé et vidé, vous le coupez en morceaux; vous mettez dans une casserole un quarteron de beurre, et plein deux cuillerées à bouche de farine; vous faites un roux, dans lequel vous ferez revenir les morceaux de votre lapin;

mouillez avec une bouteille et demie de vin blanc; mettez-y des champignons, du petit lard, que vous ferez revenir dans un autre vase, un bouquet garni; faites aller votre ragoût à grand feu, jusqu'à une certaine réduction; vous ajouterez un peu de sel et gros poivre; ayez soin de dégraisser votre ragoût, et que votre sauce ne soit ni trop ni trop peu liée; après avoir goûté s'il est d'un bon sel, retirez votre bouquet et servez.

Lapereau à la minute.

Votre lapin dépouillé et vidé, coupez-le en morceaux, ayant soin d'ôter le mou; vous essuierez proprement ces morceaux, afin qu'il n'y reste point de sang. Mettez un bon morceau de beurre dans une poêle. Quand il sera un peu chaud, vous y mettrez votre lapereau avec un peu d'aromates, du sel, du gros poivre, de la muscade râpée. Placez-le sur un feu ardent; lorsque vos morceaux seront bien roidis, mettez-y du persil et des échalotes hachés très-fin. Vous le laisserez encore trois ou quatre minutes sur le feu : servez-le sortant de la poêle.

Lapereau sauté au vin de Champagne.

Préparez et faites cuire votre lapereau comme le précédent; mettez-y le même assaisonnement, et versez-y une petite cuillerée de farine, que vous mêlez avec votre lapereau sans le passer sur le feu; ajoutez un verre de vin de Champagne, placez ensuite votre casserole sur le feu; remuez-la pour que votre ragoût se lie sans bouillir. Quand votre sauce sera liée, servez votre ragoût.

Lapereaux en caisse.

Coupez-les par membres, et faites-les cuire en ragoût, vous les finirez comme les pigeons en surtout. (Voyez *Pigeons*).

Lapereaux aux fines herbes.

On les coupe par membres, et on les met dans une casserole, avec persil, ciboules, champignons, ail, le tout haché, un morceau de beurre, thym, laurier et basilic en poudre. on passe le tout ensemble sur le feu; on y jette une pincée de farine; on mouille avec un verre de vin blanc, un peu de jus et de bouillon. On assaisonne de sel et poivre : on fait cuire et réduire au point d'une sauce. Quand on est prêt à servir, on prend les foies qui ont cuit dans la fricassée, on les écrase, et on les met dans la sauce.

Lapereaux en gratin.

On les fait cuire comme les précédens, à cette différence
que les fines herbes doivent être en bouquet et non hachées :
on les servira sur le gratin fait comme celui des cailles. (Voyez
cailles).

Lapereaux en galantine.

Il faut les désosser à forfait , comme le dindon en galan-
tine : quand les lapereaux sont cuits, si on veut les servir
pour entrée, on les retire pour les bien essuyer de leur
graisse, et on les sert avec une sauce à l'espagnole. Ordinairement on le fait pour entremets froids : alors on les laisse refroidir dans leur cuisson, comme pour le dindon en galan-
tine. (Voyez *dindon*).

Lapereaux roulés aux pistaches.

Désossez à forfait un ou deux lapereaux ; faites une farce de
leurs foies avec quelqu'autre viande cuite ; de la mie de pain
passée dans du lait, persil, ciboule, champignons, sel, poivre : liez-la avec quatre jaunes d'œufs. Etendez cette farce sur
les lapereaux ; roulez-les ensuite, et les ficelez : faites-les
cuire avec un verre de vin blanc, de bouillon, un bouquet
garni : la cuisson faite, dégraissez la sauce, et la passez au tamis ; mettez-y un peu de coulis pour la lier : faites-la réduire,
et en servant sur les lapereaux, mettez-y environ deux dou-
zaines de pistaches échaudées.

Pain de lapin à la Saint-Ursin.

On mettra de la farce à quenelle plein un moule évidé que
l'on beurrera : on fera mijoter au bain-marie. Quand la farce
qui est dans le moule sera cuite, au moment de servir, on la
renversera sur le plat. On aura soin qu'il n'y ait point d'eau.
On mettra dans le vide du pain des cervelles de lapin, des filets
mignons et rognons de lapins sautés : on aura une sauce espagnole travaillée avec du fumet de gibier et un demi-verre
de vin de Champagne. Quand la sauce sera bien réduite,
on la versera sur les garnitures qui sont dans le pain, et on
en glacera l'extérieur : on peut aussi mettre dedans une autre garniture, comme des petites noisettes de veau, des
crêtes, etc.

Croquettes de lapereaux.

On dispose la viande comme les croquettes de volaille ; et au
lieu de les lier avec de la béchamelle , on se servira à la place

d'une espagnole réduite, dans laquelle on aura incorporé un fumet des carcasses du gibier.

DE LA VIANDE NOIRE, DITE VENAISON.

A l'exception du chevreuil, les autres viandes noires sont fort peu d'usage en cuisine.

Le chevreuil ne s'emploie guère que mariné et à la broche, et on ne sert ordinairement qu'avec des sauces très-relevées. On le sert aussi en bœuf à la mode, en pâté froid, en pâté en pot.

Le cerf, la biche, le daim, le faon s'accommodent de même.

Quartier de chevreuil.

Après avoir paré votre filet et le cuissot de votre chevreuil, vous le piquez de lard fin et le mettez dans une terrine, dans trois ou quatre bouteilles de vinaigre, du sel, du poivre, trois ou quatre feuilles de laurier, six clous de girofle, six ou sept branches de thym, cinq ognons coupés en tranches, une petite poignée de persil et des ciboules entières; vous le laissez mariner pendant quarante-huit heures; lorsque vous voulez vous en servir, vous le sortez de la marinade, et le mettez à la broche, où cinq quarts d'heure suffisent pour le faire cuire. Au moment de servir, vous l'appropriez, servez avec une sauce poivrade.

Filets de chevreuil.

Après avoir levé les deux filets de votre chevreuil, vous les piquez et les faites mariner comme le quartier; lorsque vous voudrez vous en servir, vous les retirerez de votre marinade, ayant soin de les approprier; vous les faites cuire comme les filets de mouton en chevreuil, et y mettez la même sauce. Si on ne veut pas les braiser, on les met simplement à la broche, mais toujours piqués.

DU SANGLIER.

Le sanglier ou cochon sauvage subit, à peu de chose près, les mêmes préparations que le cochon domestique, et comme dans ce dernier, rien n'est à rejeter, il s'ensuit nécessairement que, dans le premier, tout est employé avec autant d'utilité que d'agrément; la seule différence qui existe entre les deux, c'est qu'on marine le sanglier et qu'on sale le cochon.

Hure de sanglier.

Après avoir eu soin de bien griller les soies de votre hure, de la bien laver, nettoyer et ratisser, vous emploierez, pour arranger, cuire et assaisonner votre hure, les mêmes procédés que pour celles de cochon. (Voyez *hure de cochon*.)

Filets de sanglier piqués, glacés.

Vous avez deux filets de sanglier, lesquels vous parez proprement, vous les piquez comme un filet de bœuf, et les mettez mariner de même, pendant deux ou plusieurs jours; vous les couchez sur le fer, c'est-à-dire à la broche, et au moment de les retirer, vous les glacez d'une belle couleur, et mettez pour sauce une poivrade : vous pouvez encore les faire cuire au four, dans de la mirepoix ou une bonne réduction.

Cuisses de sanglier.

Brûlez les soies qui sont après votre cuisse; vous la nettoyez le mieux possible; vous la désossez jusqu'à la jointure du manche; vous la piquez de gros lardons assaisonnés d'aromates pilées, de quatre épices, de sel et gros poivre; quand elle sera bien piquée, vous garnirez une terrine ou un baquet avec beaucoup de sel, poivre en grain, du genièvre, du thym, du laurier, du basilic, des ognons coupés en tranches, du persil en branches, de la ciboule entière et du salpêtre; vous laisserez mariner votre cuisse une douzaine de jours; lorsque vous voudrez la faire cuire, vous ôterez de l'intérieur de votre cuisse les aromates qui y seront; vous l'envelopperez dans un linge blanc; vous la mettrez dans une braisière avec six bouteilles de vin blanc, autant d'eau, six carottes, six ognons, quatre clous de girofle, un fort bouquet de persil et ciboules; vous la ferez mijoter pendant six heures; vous la sonderez pour vous assurer si elle est cuite, et vous la retirerez; vous la laisserez dans sa couenne : glacez-la et qu'elle ait une belle forme.

Côtelettes de sanglier sautées.

Coupez et préparez vos côtelettes de sanglier comme celles de mouton; mettez-les dans votre sautoir, assaisonnées de sel, gros poivre; faites tiédir du beurre que vous verserez dessus; posez-les sur un feu modéré, ayant soin de les tourner des deux côtés ; lorsqu'elles sont fermes, vous les dressez sur votre plat. Servez-les avec une sauce Robert ou une poivrade.

DES POISSONS EN GÉNÉRAL.

Les poissons que la mer fournit pour la cuisine sont : le turbot, la barbue, le saumon, l'esturgeon, l'alose, le cabillaud ou morue fraîche, la raie, la merluche, la morue salée, la limande, le carrelet, la sole, la plie, le mulet ou surmulet, l'éperlan, le maquereau, le thon et la thonine, la vive, la macreuse, la sardine, le rouget, le hareng frais, le merlan, l'anchois, le bar, le vaudreuil, la lubine.

En coquillages : l'écrevisse de mer, les homars, les moules et les huîtres.

Les poissons d'eau douce sont : le brochet, l'anguille, la carpe, la truite saumonée et la commune, la perche, la tranche, la lotte, la tortue, la lamproie, l'écrevisse, le meûnier, le barbillon, le goujon, la brême.

DES POISSONS DE MER.

Turbot au court-bouillon.

Après avoir ôté les ouïes, on fait une ouverture au ventre du côté noir, et on en ôte le boyau du même côté ; on lui enlève, par le moyen d'une incision qu'on lui fait au dos, un nœud de son arrête : par ce moyen, il est moins sujet à se briser. On lui bride la gueule avec une aiguille et on le frotte avec du citron, afin qu'il soit bien blanc ; on le fait cuire dans une eau légère et tirée à clair : une heure suffit. On prend bien garde qu'il ne bouille ; on l'égoutte un quart d'heure avant de servir et après l'avoir débridé, en le met sur une planche couverte d'une serviette ; on garnit les parties défectueuses avec du persil en branches. Comme beaucoup de personnes le préfèrent à l'huile, on met une sauce blanche dans une saucière : dans cette sauce il doit y avoir un beurre d'anchois.

Turbot aux câpres.

Après avoir fait cuire votre turbot, comme il a été ci-dessus indiqué, vous le mettez sur votre plat et le masquez avec une sauce au beurre, dans laquelle vous mettez quelques câpres.

Turbot en salade.

Vous le faites cuire comme ci-dessus, et lorsqu'il est froid, vous le coupez en morceaux, de la grosseur et de la forme que vous voulez; vous le dressez sur le plat et le garnissez avec des cœurs de laitues, des œufs durs, des anchois, des cornichons, des câpres, de l'estragon en branches, des petits ognons blancs cuits dans du consommé ou du bouillon, etc. Pour sauce, vous délayez dans une casserole un peu d'huile et de vinaigre, du sel, du poivre et de la ravigotte hachée.

DES BARBUES.

Elles s'accommodent comme le turbot.

DU SAUMON.

Ce poisson se coupe en tranches ou bardes; on les fait mariner avec huile, sel et poivre, après quoi on le fait griller, et on sert dessous des sauces au beurre.

On le sert aussi cuit au court-bouillon, avec les mêmes sauces ou ragoûts.

Si on l'emploie pour un plat de rôt, on ne l'écaillera point; quand il est cuit, on le met à sec sur une serviette et du persil vert autour.

Si c'est pour entrée, il faut l'écailler et laisser le morceau entier comme pour rôt.

Saumon au bleu.

On vide le saumon, sans lui couper le ventre; on le lave et on l'essuie bien; on le met dans une poissonnière, et on le fait cuire dans une marinade pendant deux heures, selon sa grosseur : il est nécessaire de faire bouillir doucement le court-bouillon, sans cela il ne cuirait pas. Auparavant de le servir, on le laisse égoutter; on met une serviette sur le plat, le saumon dessus et du persil à l'entour.

Saumon grillé aux câpres.

On prend une dalle de saumon, on la marine avec de l'huile, du sel et du gros poivre; il faut une heure pour la cuire, si elle est épaisse; on la dresse sur le plat, en y ajoutant une sauce au beurre, avec des câpres qu'on sème dessus

Saumon à la rémoulade.

La dalle de saumon cuite dans un court-bouillon, on l'é-
goutte, on l'écaille et on la dresse sur un plat, avec une rémoulade dessous; on garnit le dessus de la dalle avec des
anchois dessalés : on la sert aussi au beurre de Montpellier.

DE L'ESTURGEON.

Quoique ce poisson soit de mer, on le trouve quelquefois
dans les fleuves. Sa chair a beaucoup de consistance. Pour le
faire cuire, on le vide, on le lave, on le met dans une poissonnière, on le masque d'une poêle aromatisée qu'on mouille
avec du vin, et que l'on met sur le poisson.

Il se sert cuit à la broche, après qu'on l'a fait mariner deux
ou trois heures dans une marinade ordinaire, ou lardé de gros
lardons et avec toutes sortes de sauces, comme à l'italienne,
à l'espagnole, ou ragoût de truffes, morilles, mousserons, de
ris de veau, de crètes et de petits œufs.

On peut aussi le faire cuire au court-bouillon, comme le
saumon, et le servir avec les mêmes sauces, ou à la braise
dans une petite marmite avec tranches de veau et de bardes de
lard, un demi-setier de vin blanc, un bouquet garni, ognons,
racines, sel, poivre, de bon bouillon : cuit à la braise, on le
sert avec mêmes sauces et ragoûts qu'à la broche.

Esturgeon à la matelote.

Coupez des mies de pain en rond, de la largeur d'un petit
écu; passez-les sur le feu avec du beurre jusqu'à ce qu'elles
soient d'une couleur dorée; mettez-les égoutter; prenez un
morceau d'esturgeon, que vous coupez en petites tranches un
peu minces; mettez-les dans un plat, arrangées sans être les
unes sur les autres, avec un morceau de beurre, sel, gros
poivre; faites-les cuire à petit feu, et à mesure qu'elles sont
cuites d'un côté, vous les retournez de l'autre : il ne faut qu'un
quart-d'heure pour la cuisson; ôtez-les du plat; mettez-y un
peu de farine, que vous remuerez avec le beurre, puis de
l'échalote, persil, ciboule, le tout haché, et mouillez avec
deux verres de vin rouge; faites bouillir le tout ensemble un
quart-d'heure; remettez l'esturgeon dans la sauce pour le faire
chauffer sans bouillir; jetez-y un peu de câpres hachées, et
garnissez les bords du plat avec vos croûtons de pain frit; vous
aurez soin de les arroser un peu par-dessus avec de la sauce.

DE L'ALOSE.

L'alose se sert entière ou par moitié : si on l'emploie pour rôt, on la vide, on ne l'écaille point. On la fait cuire dans un court-bouillon, comme le saumon ; quand elle est cuite, on la sert sur une serviette garnie de persil vert.

Si on en fait usage pour entrée, on l'écaille et on la sert avec différentes sauces, comme aux câpres, à l'huile, à l'italienne.

Alose grillée.

Votre alose vidée et lavée, ôtez-en les écailles, essuyez-la et laissez-la égoutter entre deux linges ; mettez-la sur un plat, avec du sel, du poivre et un verre d'huile, retournez-la dans son assaisonnement une heure avant de servir ; placez-la ensuite sur le gril à un feu doux : à l'instant du service, dressez-la sur un plat, et masquez-la d'une sauce au beurre semée de câpres par-dessus ; ou d'une purée d'oseille.

DU CABILLAUD OU MORUE FRAICHE.

Le cabillaud ou morue fraîche se fait cuire dans une eau de sel comme le turbot.

Videz votre cabillaud et lavez-le ; faites une eau bien salée, parce que ce poisson ne prend pas plus de sel qu'il ne faut ; quand elle sera claire, vous ficellerez la tête de votre cabillaud, le mettrez dans la poissonnière et l'eau de sel par-dessus : faites-le cuire à très-petit feu et sans bouillir.

Si vous le servez pour relevé, vous y ajoutez une sauce à la crème ou une sauce hollandaise.

Si c'est pour rôt, vous le servirez à sec sur un plat, sur lequel il y aura une serviette et des feuilles de persil à l'entour.

On le sert dans le même goût que le turbot.

DE LA MORUE SALÉE.

La bonne morue a la chair blanche, la peau noire et de grands feuillets. Il faut la laver après l'avoir écaillée, on la fait cuire un moment dans un chaudron avec de l'eau de rivière, et sans bouillir ; on la retire, on l'égoutte, et on la sert avec telle sauce qu'on juge à propos.

Morue à la maître-d'hôtel.

Après avoir fait les préparations nécessaires à votre morue, et l'avoir fait cuire de la manière que nous avons indiquée, vous l'égouttez, la déficelez et la mettez sur son plat, garnie autour de pommes de terre entières, cuites dans de l'eau et du sel : masquez-la avec une maître-d'hôtel, dans laquelle vous presserez quelques gouttes de citrons.

Morue au beurre noir.

Votre morue cuite à l'eau et égouttée, vous la mettez dans le plat que vous devez servir avec un demi-verre de vinaigre, autant de bouillon, du gros poivre : vous la faites bouillir un demi-quart d'heure, et mettez dessus du beurre bien chaud, avec du persil frit.

Morue à la sauce aux câpres et anchois.

La morue cuite à l'eau et égouttée, on la dresse chaudement sur un plat avec une sauce aux câpres et aux anchois par-dessus.

Tourte de morue

La morue cuite, égouttée et refroidie, on la met par feuillets dans la pâte avec du beurre, gros poivre, un bouquet garni : la tourte cuite, on ôte le bouquet, et on verse dans la tourte une sauce à la crème.

DE LA RAIE.

On en distingue de deux espèces : la commune et la bouclée; cette dernière est estimée la meilleure : elles se servent l'une et l'autre de même façon.

Raie à la bourgeoise

Faites cuire votre raie dans un chaudron, dans de l'eau, du vinaigre, avec quelques tranches d'ognon et un peu de sel; après l'avoir bien lavée avec de l'eau fraîche, et l'amer du foie ôté, ne lui faites faire que deux bouillons pour qu'elle ne cuise pas trop; retirez-la ensuite sur un plat pour l'éplucher; remettez-la sur un fourneau avec un peu de son court-bouillon; prêt à la servir, égouttez-la et servez dessus telle sauce que vous jugerez à propos, comme sauce au beurre, avec des câpres et anchois à l'huile, etc.

5

Raie au beurre noir.

Faites cuire votre raie comme la précédente, nettoyez-la et parez-la de même; vous ferez frire du persil en feuilles, que vous mettrez à l'entour de votre raie; vous la masquerez de beurre noir.

Raie à la sauce blanche.

Faites cuire votre raie dans un court-bouillon; quand elle est cuite, vous ôtez le limon ou la peau de dessus, des deux côtés; vous la parez et la mettez sur le plat; vous la masquez d'une sauce blanche avec des câpres par dessus et des cornichons coupés en dés.

Raie à la Sainte-Menehould.

Arrachez-en la peau et la coupez par morceaux larges de deux doigts; faites-la cuire une demi-heure à très-petit feu; mettez dans une casserole un morceau de beurre avec une cuillerée de farine que vous délayez ensemble; mouillez peu à peu avec une chopine de lait; assaisonnez de sel, poivre, un bouquet de persil et ciboule, une gousse d'ail, deux écha-lotes, trois clous de girofle, thym, laurier, basilic, ognons en tranches, racines et zestes; faites bouillir un bon quart d'heure; mettez-y ensuite votre raie pour la faire cuire; la cuisson faite, trempez la raie dans le plus gras de la sauce pour la paner et griller en l'arrosant avec un peu de beurre; servez à sec une rémoulade dans une saucière. Vous trouverez la rémoulade dans l'article des *Sauces*.

Raie marinée frite.

Arrachez-en la peau et coupez-la par morceaux, comme la précédente, pour la faire mariner deux ou trois heures avec un peu d'eau, du vinaigre, sel, poivre, persil, ciboule, une gousse d'ail, ognons en tranches, zestes de racines, clous de girofle; ensuite vous l'égouttez et essuyez pour fariner et faire frire. Servez avec persil frit.

Raie à la sauce de son foie.

Faites-la cuire comme il est dit pour la raie à la bourgeoise. Pour la sauce, vous la ferez de cette façon : mettez dans une casserole persil, ciboule, champignons, une pointe d'ail, le tout haché très-fin; un peu de beurre; passez-les quelques tours sur le feu, et mettez-y une bonne pincée de farine, encore du beurre, des câpres et un anchois hachés, le foie de la raie cuit et écrasé, sel, gros poivre; mouillez avec de l'eau ou du bouillon; faites lier sur le feu; servez sur la raie.

DE LA MERLUCHE.

La plus blanche est la meilleure. Avant que de la mettre tremper, on la bat bien partout avec un marteau pour l'attendrir : on la fait tremper plusieurs jours, en changeant l'eau; on la fait cuire un moment avec de l'eau de rivière; on la retire et on la met en morceaux par feuillets.

Merluche à la gasconne.

Mettez la merluche dans une casserole avec de l'huile fine et autant de bon beurre, du gros poivre, un peu d'ail et de sel, si elle est trop douce, posez la casserole sur un fourneau, en la remuant sans cesse jusqu'à ce que le beurre soit lié avec l'huile. Ce mets demande à être mangé sur-le-champ, parce que la sauce tourne à mesure qu'elle se refroidit.

DE LA LIMANDE, LA SOLE, LE CARRELET,

LA PLIE.

Ces quatre sortes des poissons se préparent et s'accommodent toutes de la même façon. On les écaille, on les vide, on les lave et on les essuie dans un linge blanc, après quoi on les fend sur le dos, auprès de l'arrête; on les farine ensuite pour les faire cuire dans une friture bien chaude et un feu clair. Quand ils sont cuits de belle couleur, on les retire et on les sert sur une serviette pour un plat de rôt. On les sert aussi pour entrée, en les faisant cuire dans du vin blanc et des fines herbes, ou dans un court-bouillon.

Limandes sur le plat, à la bourgeoise.

Vos limandes nettoyées et vidées, faites fondre sur votre plat un morceau de beurre, mettez un peu de muscade râpée; arrangez vos limandes sur votre plat; ajoutez l'assaisonnement; arrosez-les avec un verre de vin blanc; vous les masquez ensuite avec de la chapelure de pain; vous les posez sur le fourneau, un four de campagne par-dessus.

Limandes entre deux plats.

Vos limandes écaillées, vidées et bien lavées, vous mettez

dans le plat que vous devez servir de bon beurre que vous faites fondre, puis du persil, de la ciboule, des champignons, le tout haché; sel et poivre; arrangez votre poisson dessus, et sur le poisson mettez même assaisonnement que dessous: couvrez bien votre plat; faites cuire sur un fourneau à petit feu, et servez à courte sauce avec un filet de verjus.

Limandes grillées.

Vous écaillez, videz, lavez et essuyez vos limandes; ensuite vous les huilez et y ajoutez du sel, du poivre; vous prenez des chalumeaux de paille que vous posez sur le gril; et vos limandes par-dessus; grillez-les à petit feu, puis dressez-les sur votre plat et les masquez d'une sauce italienne maigre, ou au beurre garnis de câpres dessus.

Les soles, carrelets et plies se préparent et s'accommodent comme les limandes.

DES ÉPERLANS.

On les lave et les nettoie sans les vider; on les farine, on les fait frire à grand feu; on les sert pour un plat de rôt. Pour entrée, on les met entre deux plats comme des limandes.

DU MAQUEREAU ET DU SURMULET.

Le maquereau se vide, se lave, se fend le long du dos
Il faut écailler le surmulet, le vider, le bien laver et le couper un peu sur les deux côtés.

Ces deux poissons, bien essuyés, s'accommodent de même: on les fait cuire sur le gril et on les sert avec une sauce blanche aux câpres et anchois.

Maquereau à la maître-d'hôtel.

Après avoir vidé et bien lavé le maquereau, on le fait cuire sur le gril dans un papier gras, fendu par le dos et farci d'un bon morceau de beurre frais manié de fines herbes assaisonnées; en servant on verse un peu de jus de citron.

DU THON.

Le thon est un gros poisson que l'on envoie tout mariné de Provence. On le mange ordinairement en salade. Dans les endroits où l'on peut en avoir du frais, on l'accommodera comme le saumon.

Thon à la provençale.

Arrangez votre thon sur le plat que vous devez servir sur table, avec du bon beurre, du persil et des fines herbes hachées, panez-le de mie de pain, et faites-lui prendre couleur au four ou sous un four de campagne.

DU ROUGET.

Le vrai rouget ne s'écaille point; on le vide, on le lave, on en garde les foies. On le fait cuire sur le gril comme la vive, et on le sert avec les mêmes sauces. Il faut avoir soin de mettre les foies dans la sauce que vous servirez dessus.

DE LA SARDINE ET HARENG FRAIS.

Ces deux poissons s'accommodent de même. Après les avoir écaillés, lavés et essuyés avec avec un linge, on les fait cuire sur le gril; quand ils sont cuits, on les sert avec la sauce suivante :

On met dans une casserole un morceau de beurre, un peu de farine, un filet de vinaigre ou citron, une cuillerée de moutarde, sel, poivre, un peu d'eau. On fait lier la sauce sur le feu, et on en masque ses sardines ou harengs frais.

Harengs saurs à la Sainte-Menehould.

Ayez une douzaine de harengs saurs, coupez-leur le bout de la tête et de la queue : mettez-les tremper quatre heures dans l'eau, ensuite deux heures dans un demi-setier de lait; faites-les égoutter et essuyer; trempez-les dans du beurre chaud mêlé avec une demi-feuille de laurier, thym, basilic, le tout haché comme en poudre, deux jaunes d'œufs, du gros poivre; panez-les à mesure que vous les trempez dans le beurre, et faites-les griller légèrement; versez dans le fond du plat, que vous servirez sur table, deux cuillerées de verjus, et dressez vos harengs dessus.

DES ANCHOIS.

Les anchois sont de petits poissons de mer, que l'on expédie dans des petits barils et qui sont confits au sel. Ils servent

ordinairement, après qu'on les a bien lavés et qu'on a ôté
l'arête, à faire des salades et à mettre dans des sauces.

Anchois frits.

Après avoir fait dessaler vos anchois, vous les trempez
dans une pâte faite avec de la farine, une cuillerée d'huile,
et délayée avec du vin blanc; faites en sorte que la pâte ne
soit pas trop liquide : quand ils sont frits et qu'ils ont pris une
belle couleur, servez-les pour entremets.

Rotiés d'anchois.

Prenez des tranches de pain coupées proprement de la longueur et de la largeur du doigt, que vous ferez frire dans de
l'huile : arrangez-les dans un plat d'entremets; mettez par-
dessus une sauce faite d'huile fine, de vinaigre, gros poivre,
persil, ciboule, échalote, le tout hâché, et couvrez à moitié
vos roties avec des filets d'anchois.

DU MERLAN.

La manière la plus usitée de servir ce poisson, c'est frit,
d'une belle couleur dorée, et saupoudré de sel blanc. Avant
de les mettre frire, on les écaille, vide, lave et essuye, ayant
soin de leur laisser les foies dans le corps; on les coupe légèrement en cinq ou six endroits de chaque côté, et on les trempe
dans de la farine. Au sortir de la friture on les sert sur une
serviette pour plat de rôt, ou pour entrée en versant dessus
une sauce blanche avec des câpres et anchois. Si on veut les
servir avec plus de propreté, on ôte la tête et l'arête du milieu, on arrange les filets du merlan sur le plat qu'on doit
servir, le blanc en dessus, et on masque avec la sauce. On peut
encore les servir à la bourgeoise comme les limandes.

DU VAUDREUIL.

Ce poisson se pêche sur les côtes de la Provence. Il a la
chair très blanche et sert à faire de bonne farce en maigre.
On le fait cuire avec du vin blanc, un verre d'huile, sel,
poivre, ognons, racines, ail, persil, ciboule, tranches de
citron. On peut le servir ainsi sur une serviette.

DE LA THONTINE.

La thontine est un poisson qui n'est qu'en pattes. Quand on l'a lavée, elle rend l'eau noire comme de l'encre. Les pattes servent à faire des farces, et le corps se fait cuire et se sert comme le vaudreuil.

DE LA LUBINE.

Ce poisson, qui se trouve sur les côtes de la Bretagne, est plus gros que la morue. On le fait cuire de la même façon que la morue, et on le sert de même.

DU BAR.

Après l'avoir vidé, lavé, vous le faites cuire dans du vin blanc avec du beurre, de l'eau, sel, poivre, ognon, racines, persil, ciboules. Quand il est cuit et bien égoutté, vous le servez, pour un plat de rôt, sur une serviette, garni de persil vert.

Si vous voulez le servir en entrée, faite-le mariner une demi-heure avec un peu d'huile, sel, poivre, mettez-le sur le gril et arrosez-le de temps en temps avec de l'huile qui reste dans le plat. Quand il est cuit, servez-le avec la sauce que vous jugerez à propos.

DES ÉCREVISSES DE MER, HOMARDS

ET CRABES.

On les sert tous trois de même façon. On les fait cuire à grand feu pendant une demi-heure avec de l'eau et du sel ; à la place de l'eau, vous pouvez substituer du vin ; étant refroidis dans leur cuisson, frottez-les d'huile pour leur donner une belle couleur ; cassez-leur les pattes auparavant ; ouvrez l'écrevisse ou le homard par le milieu : servez-les froids sur une serviette, les grosses pattes autour.

Moules à la poulette.

Après les avoir bien lavées, ratissez les coquilles, égouttez-les et mettez-les à sec dans une casserole sur un bon feu de fourneau ; la chaleur les fera ouvrir ; vous les éplucherez après

5..

une à une ; ayez soin d'ôter les crabes, si vous en trouvez. Après avoir ôté vos moules de leurs coquilles, mettez-les dans une casserole, avec un morceau de bon beurre, persil et ciboules hachées ; passez-les sur le feu ; mettez-y une petite pincée de farine ; mouillez avec un peu de vin blanc ; mettez une liaison de trois jaunes d'œufs ; faites lier votre sauce, et mettez-y après un filet de verjus ou de citron.

DES HUITRES.

Les huîtres se mangent crues avec du poivre ; il ne s'agit alors que de les ouvrir et de les avaler. On en sert aussi dans leur coquille, cuites sur le gril, avec du feu dessous et une pelle rouge par-dessus : quand elles commencent à s'ouvrir, elles sont cuites.

DE L'ANGUILLE A MER.

Vous ferez cuire votre anguille dans l'eau, avec du sel, de la racine de persil ou du persil et trois ou quatre feuilles de laurier ; vous la masquerez d'une sauce à la crème ou d'une sauce brune, dans laquelle vous mettrez gros comme moitié d'un œuf de beurre d'anchois ; ou d'une sauce aux tomates.

DU POISSON D'EAU DOUCE.

Court-bouillon pour les poissons d'eau douce.

Coupez en tranches quatre grosses carottes et huit ognons ; mettez ces légumes dans une grande casserole, avec une demi-livre de beurre, une poignée de persil en branches, sept ou huit feuilles de laurier, thym, basilic, des queues de champignons, sel, gros poivre, et clous de girofle ; vous faites suer, à petit feu, pendant une bonne heure, et mouillez ensuite avec sept ou huit bouteilles de vin blanc. Lorsque tous ces légumes sont cuits, vous passez ce court-bouillon au tamis, et vous vous en servez à propos.

DU BROCHET.

Ce poisson se sert très-souvent pour rôt ; on ne l'écaille point, on en ôte les ouïes. Après l'avoir vidé, on le fait cuire dans le court-bouillon dont nous avons indiqué la recette ci-dessus, et qui est la même pour tous les poissons d'eau douce.

Il se sert aussi pour entrées de différentes façons ; alors on le coupe par tronçons, après l'avoir écaillé, et on le fait cuire de même au court-bouillon ; quand il est cuit et prêt à être servi, on le dresse sur un plat, en mettant dessous la sauce que l'on juge à propos.

Brochet en fricassée de poulet.

Après l'avoir écaillé et coupé par tronçons, on le met dans une casserole avec un morceau de beurre, un bouquet de persil, des champignons ; on les passe sur le feu, puis on y jette une pincée de farine, et on mouille avec du bouillon et du vin blanc ; on le fait cuire à grand feu : sa cuisson faite et assaisonnée, on y met une liaison de jaunes d'œufs et de crème.

On le met encore en matelote, ou frit après l'avoir fait mariner.

DE L'ANGUILLE.

L'anguille se sert de plusieurs façons : sur le gril, en fricassée de poulets, avec des ragoûts de champignons. Quand elle est grosse, on peut la faire cuire à la broche, enveloppée de papier beurré. On l'emploie aussi en gras de différentes manières, comme en fricandeau, et à garnir des entrées graves. Elle est aussi excellente dans les matelotes.

Anguille à la tartare.

Après avoir dépouillé l'anguille, on la coupe par tronçons de quatre ou cinq pouces, ou à volonté ; on la fait cuire dans du court-bouillon, avec très-peu de sel. Lorsqu'elle est froide, on l'égoutte et on la roule dans la mie de pain ; on la repane de nouveau à l'anglaise, et on lui fait prendre couleur sur le gril ; on la dresse sur le plat, et on met dans une saucière une rémoulade dans laquelle on incorpore la cuisson de l'anguille, après l'avoir faite réduire.

Anguille à la poulette.

L'anguille dépouillée, on la coupe en tronçons, qu'on met dans une casserole avec du sel, gros poivre, muscade, et un bouquet garni ; on la passe au beurre et on la change ; on mouille avec une bouteille de vin de Champagne ; on ajoute un maniveau de champignons bien blancs. Lorsque l'anguille est cuite, on l'égoutte et on la dresse sur un plat, avec des croûtons de pains frits entre chaque morceau : on la met, si on le juge à propos, dans un vol-au-vent ou une croûte de pâté chaud. On fait réduire la sauce après l'avoir dégraissée, et, étant liée avec trois jaunes d'œufs, on la passe à l'étamine et on y vanne un bon morceau de beurre frais.

DE LA CARPE.

La carpe est un des poissons d'eau douce dont on fait le plus d'usage en cuisine. Quand elle est grosse, elle se sert au bleu pour un plat de rôt. Mêlée avec d'autres poissons, on l'emploie en matelote : lorsqu'elle est seule, sans autres poissons, elle s'appelle étuvée. Elle se sert encore frite, ou sur le gril avec ragoûts de légumes, sauce aux câpres, etc., ou en fricassée de poulets, ou enfin à faire des garnitures d'entrées en gras et en maigre.

Carpe au bleu.

Après avoir vidé la carpe et ficelé la tête, on la met dans une poissonnière ; on fait bouillir un litre de vinaigre rouge, qu'on verse dans son ébullition sur la carpe, en faisant en sorte qu'elle baigne entièrement dans le court-bouillon, où on fait mijoter la carpe une heure, plus ou moins, selon sa grosseur ; on la laisse ensuite refroidir ; on place la carpe sur une serviette proprement arrangée sur plat, et on la couronne de persil.

Matelote.

On prend une belle carpe, un brochet et une anguille : ce sont les poissons qui ordinairement composent une matelote ; on les approprie et on les coupe en petits morceaux ; on les met dans une casserole, avec des carottes et ognons en tranches, un bouquet garni et un maniveau de champignons bien blancs et bien lavés, sel, gros poivre et muscade ; on les mouille avec trois bouteilles de vin de Bordeaux ; on les fait bouillir à grand feu, jusqu'à ce que le poisson soit cuit : un quart-d'heure est plus que suffisant ; on fait roussir quelques petits ognons dans du beurre et on les fait cuire, en particulier, avec le même mouillement, afin qu'ils ne s'écrasent point. On dresse la matelote sur le plat, en mettant entre chaque morceau une croûte de pain passée au beurre, les champignons et les ognons par-dessus ; on passe le fond au tamis de soie, et on l'incorpore dans quatre cuillerées à pot d'espagnole, qu'on fait réduire de manière qu'elle puisse masquer les morceaux de poisson ; on la retire du feu, et on y vanne trois quarterons de beurre frais.

DE LA TRUITE COMMUNE

ET DE LA SAUMONÉE.

La truite commune a la chair blanche, et la saumonée, rouge : la bonté de la dernière est bien supérieure à la première. Les apprêts se font de même. On les fait cuire dans un court-bouillon. Si on veut les faire aller pour entrée, on sert une sauce dessous comme pour les autres poissons. On peut aussi les faire cuire sur le gril, en suivant les mêmes procédés que pour les autres poissons, et on les sert avec un ragoût maigre. Elles s'accommodent quelquefois en gras comme le saumon frais.

PERCHE.

De la perche.

Otez les ouïes et videz-la ; faites-la cuire dans un court-bouillon avec du vin blanc ; cuite, vous lui enlevez ses écailles ; vous la dressez sur votre plat, et vous versez dessus une sauce aux câpres faite avec la marinade dans laquelle elle aura cuit. Vous pouvez, si vous le jugez à propos, la faire griller ; pour cela, vous la faites mariner dans de l'huile, du sel, du poivre ; et les légumes usités : lorsqu'elle est grillée, vous levez l'écaille et y mettez la même sauce.

DE LA TANCHE.

Pour l'écailler, il faut la limoner, ce qui se fait en la mettant dans l'eau bouillante : couvrez-la promptement pour qu'elle ne vous fasse pas brûler en éclaboussant ; vous la retirez après l'avoir laissée un moment ; écaillez-la en commençant par le côté de la tête ; prenez garde d'enlever la peau et de l'écorcher ; quand vous avez fini, vous la videz, la lavez, en ôtez les nageoires, la faites cuire sur le gril commes les autres poissons, et la servez avec les mêmes sauces. Elle se sert aussi à la poulette, après l'avoir coupée par morceaux.

DE LA LAMPROIE.

La lamproie ressemble à l'anguille : il y en a de rivière et de mer. Il faut la limoner. Vous la coupez par tronçons, et la préparez comme l'anguille à la poulette.

On la fait encore cuire sur le gril comme les autres poissons, et on la sert avec une sauce aux câpres ou une sauce à la rémoulade.

DU BARBILLON, MEUNIER, GOUJON,

ET DE LA BRÊME.

Le barbillon se sert en étuvée comme la carpe. Il se met aussi sur le gril, quand il est gros. On emploie le même procédé pour le meunier. Le goujon se sert frit. La brême se sert cuite sur le gril avec une sauce blanche : on la sert aussi frite pour un plat de rôt. Quoique ces poissons ne soient pas très-estimés, il s'en trouve quelquefois de très-bons.

Etuvée de goujons.

Après avoir écaillé, vidé, et essuyé, sans les laver, vos goujons, prenez le plat que vous devez servir, et mettez dans le fond du beurre avec persil, ciboules, champignons, une ou deux échalotes, thym, laurier, basilic, le tout haché très-fin, sel, gros poivre ; arrangez dessus des goujons et assaisonnez dessus comme dessous ; mouillez avec un verre de vin rouge ; couvrez le plat, et faites bouillir sur un bon feu jusqu'à ce qu'il ne reste qu'un peu de sauce : il ne faut qu'un quart d'heure pour la cuisson.

DES ÉCREVISSES.

Celles de Seine et du Rhin sont estimées les meilleures. Pour connaître les premières, regardez le dessous des pattes, qui doit être rouge. Elles se mangent communément cuites dans un court-bouillon. Quand elles sont cuites, dressez-les sur une serviette, avec du persil. Vous faites aussi d'excellens coulis des coquilles d'écrevisse. Les queues servent à garnir des entrées, ou à border un plat à potage, d'écrevisses.

DES GRENOUILLES.

Des grenouilles, il n'y a que les cuisses de bonnes, en sorte qu'il faut couper absolument les pattes et le corps.

Grenouilles en fricassée de poulets.

Après avoir passé vos grenouilles dans l'eau bouillante, vous les retirez à l'eau fraîche et les mettez dans une casserole avec des champignons, un bouquet de persil, ciboule ; une gousse d'ail, deux clous de girofle, un morceau de beurre ; passez-les sur le feu deux ou trois tours, et mettez une pincée de farine ; mouillez avec un verre de vin blanc, un peu de bouillon, sel, gros poivre ; faites cuire un quart-d'heure et réduire à courte sauce ; mettez-y une liaison de trois jaunes d'œufs, un bon morceau de beurre et du persil haché.

Grenouilles frites.

Mettez mariner vos grenouilles crues pendant une heure avec moitié vinaigre et moitié eau, persil, tranches d'ognons, deux gousses d'ail, deux échalotes, deux clous de girofle, une feuille de laurier, thym, basilic, ensuite vous les laissez égoutter, et les farinez pour les faire frire : servez garni de persil.

Quelquefois, au lieu de les fariner, on les trempe dans une pâte faite avec de la farine délayée avec une cuillerée d'huile, un verre de vin blanc et du sel : que la pâte ne soit pas trop claire : il faut qu'elle file un peu gras en la versant avec la cuillère.

ESCARGOTS.

Escargots de vigne en fricassée de poulets.

Dans le printemps et l'automne, on trouve des escargots dans les vignes qui sont bons à manger, pour ceux qui les aiment. Pour les faire sortir de leur coquille et les bien nettoyer, vous mettez une bonne poignée de cendres dans un chaudron, avec de l'eau de rivière; quand elle commence à bouillir, jetez-y les escargots, pour les y laisser un quart-d'heure; lorsqu'ils se tirent aisément de leur coquille, vous les retirez dans de l'eau tiède pour les nettoyer; ensuite vous les remettez encore dans une eau claire, pour les faire bouillir un instant; retirez-les pour les égoutter. Mettez dans une casserole un morceau de beurre, avec un bouquet de persil, ciboule, une gousse d'ail, deux clous de girofle, thym, laurier, basilic, des champignons, et les escargots bien égoutés; passez le tout sur le feu; mettez-y une pincée de farine; mouillez avec du bouillon, un verre de vin blanc, sel, gros poivre; laissez cuire jusqu'à ce que les escargots soient moelleux et qu'il reste peu de sauce; en servant, mettez-y une liaison de trois jaunes d'œufs, un bon morceau de beurre et quelques gouttes de jus de citron.

DES PETITS POIS.

Les petits pois se mangent pendant trois mois, juin, juillet, août. Les plus fins sont estimés les meilleurs. Les plus tardifs sont les pois carrés, quoique plus gros, ils n'en sont pas moins tendres.

Les pois verts se servent avec toutes sortes de viandes, et font d'excellens ragoûts : ils se servent aussi en **gras et en** maigre pour entremets.

Les pois secs servent à faire de la purée.

Petits pois à la bourgeoise.

Prenez deux litrons de petits pois, que vous laverez et ma·
nierez dans une casserole avec un morceau de beurre, un
bouquet de persil et ciboule ; ajoutez-y un petit morceau de
sucre ; vous les passez à grand feu, et les mouillez avec une
eau de sel claire et légère. Quand cette eau est entièrement
réduite, et que vos pois sont cuits, ôtez le bouquet, retirez-
les du feu, et liez-les avec un quarteron de beurre frais, lequel vous aurez manié auparavant avec une très-petite pincée
de farine.

Petits pois à l'anglaise.

Trois quarts d'heure avant de servir, vous faites cuire dans
un poêlon d'office non étamé, deux litres de petits pois; lorsqu'ils sont cuits, vous les égouttez sur un torchon blanc, et
es liez à tour de bras avec un morceau de beurre frais.

Petits pois au petit beurre.

On prend deux litrons de pois dans lesquels on met un
quarteron de beurre, et que l'on arrose d'eau; on les pétrit
ensemble avec les mains, puis on les laisse égoutter dans une
passoire; ensuite on les met dans une casserole que l'on place
sur un feu ardent; on saute les pois; quand ils auront bien
senti la chaleur, on les mouillera à l'eau bouillante, on y
ajoutera du sel, du gros poivre, gros comme la moitié d'une
noix de sucre, un bouquet de persil et ciboule ; on fera réduire son mouillement jusqu'à ce qu'il n'y en ait presque
plus ; au moment de servir, lorsque les pois bouillent, on
mettra dedans trois petits pains de beurre, ou gros comme
deux œufs de beurre; on les sautera sans les tenir sur le feu,
jusqu'à ce qu'ils soient bien liés, et on les dressera en buis-
son. On s'assure s'ils sont de bon sel.

DES HARICOTS VERTS.

Vos haricots épluchés et lavés, mettez de l'eau et du sel
dans un chaudron; vous la faites bouillir et vous y jetez vos
haricots; lorsqu'ils fléchissent sous les doigts, vous les retirez,
les égouttez dans une passoire et les mettez dans l'eau froide;
prenez ensuite un bon morceau de beurre, que vous mettrez
dans une casserole ; ajoutez-y vos haricots, avec du sel, gros
poivre, persil haché et blanchi, quelques gouttes de jus de
citron : liez-les à tour de bras et servez-les chaudement.

DES HARICOTS BLANCS NOUVEAUX.

On les fait cuire dans de l'eau, du sel et peu de beurre : quand ils sont cuits, vous les égouttez ; vous mettez dans une casserole un bon morceau de beurre et vos haricots ; vous y ajoutez persil haché, sel, poivre et citron, et vous les sautez.

DES LENTILLES.

On distingue deux sortes de lentilles : les lentilles ordinaires, qu'il faut choisir larges et d'un beau blond ; et les lentilles à la reine, qui, plus petites, ne sont souvent employées qu'à faire des coulis.

Coulis de lentilles.

Après avoir lavé et épluché vos lentilles à la reine, vous les faites cuire avec un bouillon gras ou maigre ; ajoutez-y quelques ognons roussis dans le beurre et d'une belle couleur ; quand elles sont cuites, vous les passez à l'étamine, en les mouillant de leur bouillon ; vous les faites bouillir de nouveau sur un fourneau, et les faites clarifier ensuite en les enterrant dans de la cendre chaude : par ce procédé, vous aurez une purée de lentilles d'une superbe couleur.

Lentilles à la maître-d'hôtel.

Les lentilles cuites, on les égoutte et on les met dans une casserole avec un morceau de beurre, du persil haché, du sel et du poivre ; on saute le tout ensemble ; on sert les lentilles bien chaudes.

DES FÈVES DE MARAIS.

Ceux qui les mangent avec la robe doivent les faire cuire dans de l'eau pendant un demi-quart d'heure pour en ôter l'âcreté. Communément elles se mangent dérobées ; quant à la façon de les accommoder, elle est la même. Lorsqu'elles sont cuites dans de l'eau de sel et un bouquet de sariette, on les égoutte sur un torchon blanc et on les met dans une casserole, avec quatre ou cinq cuillerées de sauce tournée, réduite, liée avec trois jaunes d'œufs et un peu de sucre ; on y ajoute un bon morceau de beurre frais, on les lie à tour de bras.

DES CHOUX.

On se sert en cuisine de trois espèces de choux : les choux blancs, les choux verts, et ceux de Milan. Ils s'accommodent tous de même.

Choux au petit lard.

On coupe le chou par quartiers ; après les avoir lavés, on les fait bouillir un quart d'heure dans de l'eau ; on y met du petit lard coupé par morceau tenant à la couenne ; on les retire après dans de l'eau fraîche, on les presse bien et on les ficelle ; on les met cuire dans une brûse avec le morceau de lard et la viande qu'on destine à servir avec, en y ajoutant du sel, poivre, un bouquet de persil et ciboule, clous de girofle, deux ou trois racines. Quand la viande et les choux sont cuits, on les retire pour les essuyer de leur graisse, et on les dresse sur le plat qu'on doit servir, le petit lard par-dessus.

Choux à la bourgeoise.

Après avoir bien lavé un chou, on le fait bouillir un quart d'heure dans l'eau ; on le retire ensuite dans de l'eau fraîche, on le laisse refroidir, et on le presse sans en rompre les feuilles ; on les ôte les unes après les autres, et on met à chacune un peu de farce ; on remet ensuite les feuilles l'une sur l'autre, comme si le chou était entier ; on le ficelle partout et on le fait cuire dans une braise ; on le presse légèrement pour en faire sortir la graisse ; on le coupe en deux, et on dresse sur le plat ; on met par-dessus un bon coulis.

Choux à la crême.

Les choux lavés, on les émince et on les fait blanchir ; on met une poignée de sel dans de l'eau ; lorsque les choux fléchiront sous les doigts, on les rafraîchira et on les pressera comme la chicorée ; on jette un morceau de beurre dans une casserole, et on y plonge légèrement ses choux ; on leur fait boire une chopine de crême double, suivant la quantité que l'on en a, et on les sert pour entremets.

Des choux-fleurs.

Le chou-fleur est une espèce de chou dont la graine nous vient d'Italie. Il sert à faire des entremets et à garnir des entrées de viande. Pour s'en servir on les épluche, on les lave, on les fait cuire dans de l'eau de sel et du beurre : lorsqu'ils sont cuits, on les dresse sur un plat, et on met dessous une sauce au coulis ou une sauce blanche

Choux-fleurs au parmesan.

On les fait cuire comme à l'article des choux-fleurs ; on fait une sauce au beurre dans laquelle on incorpore une poignée de parmesan râpé ; on dresse les choux-fleurs sur le plat et on les arrose à mesure avec cette sauce ; on les masque entièrement et on les pane avec de la mie de pain mélangée avec autant de parmesan. On fait prendre cette couleur au four.

DES POMMES DE TERRE.

La pomme de terre est un légume d'une grande utilité pour les petits ménages, auxquels il offre un met très-nourrissant. Il se présente aussi sur les tables des riches, mais déguisé sous des apprêts et des formes qui le font quelquefois méconnaître.

Quoique les variétés des pommes de terre puissent servir indifféremment à tous les usages, il s'en trouve cependant dans le nombre certaines que l'on doit rechercher par la plus grande délicatesse de leur chair : tels sont la ronde jaunâtre de New-Yorck, la blanche longue, la ronde et la longue rouge.

Pommes de terre à l'anglaise.

On lave bien des pommes de terre ; on les fait cuire dans de l'eau et du sel, et on épluche : quand elles sont cuites, on met tiédir un bon morceau de beurre dans une casserole, on coupe les pommes de terre en tranches, et on les jette dans le beurre ; on ajoute du sel, du gros poivre : on saute les tranches de pommes de terre dans le beurre, qu'il faut avoir soin de ne pas laisser tourner en huile, et on les sert sur un plat.

Pommes de terre à la maître-d'hôtel.

Vos pommes de terre cuites dans de l'eau et du sel, vous les coupez en tranches : mettez-les dans une casserole avec un morceau de beurre, du sel, du gros poivre ; vous les posez sur le feu, les sautez avec le beurre et de fines herbes. Au moment de servir, vous mettez un jus de citron.

Pommes de terre à la parisienne.

Pelez vos pommes de terre, faites-les cuire dans de l'eau et du sel ; après les avoir laissé ressuyer, mettez-les en pâte dans une casserole avec gros comme un œuf de beurre, plein une cuillère à café de fleur d'orange, un peu de sel et un bon demi-setier d'eau ; faites bouillir le tout ensemble un moment ; faites une pâte bien liée et bien épaisse, en remuant toujours jusqu'à ce qu'elle s'attache à la casserole : pour lors, mettez-la promptement dans une autre casserole ; délayez-y quelques œufs jusqu'à ce que la pâte devienne molle sans être claire ; faites des petits tas de pâte de la grosseur d'une noix ; mettez-les dans de la friture plus qu'à moitié chaude, en remuant sans cesse ; lorsqu'ils sont bien montés et de belle couleur, servez-les chaudement saupoudrés de sucre fin.

Pommes de terre à la morue.

Mettez cuire dans de l'eau des pommes de terre pelées : aux trois quarts de la cuisson, vous y joignez un morceau de morue crète, entre deux queues ; lorsque la morue sera cuite, vous la mettrez égoutter, ainsi que les pommes de terre ; vous dresserez la morue sur le plat que vous devez servir, les pommes de terre autour (si elles sont trop grosses vous les coupez en deux) ; vous ajouterez un morceau de beurre, persil, ciboules et échalotes, le tout haché, un peu de verjus ou de vinaigre, du gros poivre ; vous posez le plat sur le feu et le remuez souvent : servez bien chaud.

Pommes de terre à la crême.

Vous mettez un bon morceau de beurre dans une casserole, plein une cuillère à bouche de farine, du sel, du gros poivre ; vous mêlerez le tout ensemble, vous y mettrez un verre de crême ; vous placerez la sauce sur le feu, et vous la tournerez jusqu'à ce qu'elle bouille ; coupez les pommes de terre en tranches et mettez-les dans votre sauce : servez-les bien chaudes.

Pommes de terre à la lyonnaise.

Emincez une douzaine d'ognons, et faites-les roussir dans le beurre ; lorsqu'ils sont d'une belle couleur, vous y mettez une cuillerée à bouche de farine, et les mouillez avec du bon consommé et du jus, ou bien n'y mettez point de farine, et mettez de l'espagnole et du bon consommé à la place ; vous faites cuire cet ognon à petit feu pendant une heure, et avez bien soin de le dégraisser ; lorsqu'il est cuit, vous faites réduire et le retirez du feu, en y mettant un bon morceau de beurre ; émincez-y les pommes de terre cuites à l'eau et chaudes, si cela est possible, car cet appareil, ainsi disposé, ne doit point retourner au feu.

Pommes de terre en boulettes.

Vos pommes de terre cuites à l'eau de sel et pelées, écrasez-les bien avec une cuillère de bois : faites un hachis des débris de viande que vous aurez, bouillie ou rôtie : mettez-y un peu de beurre, sel, poivre, persil, ciboule, échalote, le tout haché bien menu, un ou deux œufs ; prenez de vos pommes de terre en égale quantité que vous avez de viande hachée ; mêlez le tout ensemble ; formez-en des boulettes de moyenne grosseur ; trempez ces boulettes dans un peu de blanc d'œuf que vous aurez réservé de ceux que vous aurez mis dans le hachis ; roulez-les ensuite dans de la farine et faites-les frire ; vous servirez avec une garniture de persil.

Pommes de terre frites.

Vous les pelez toutes crues et les coupez en tranches ; farinez-les et jetez-les dans une friture extrêmement chaude ; quand elles sont frites, saupoudrez-les de sel blanc.

Autre manière. Faites une pâte avec de la farine de pommes
de terre ou de froment et deux œufs délayés avec de l'eau,
une cuillerée d'huile, une cuillerée deau-de-vie, sel et poivre; battez bien votre pâte pour qu'il n'y ait pas de grumeaux;
trempez dans cette pâte vos pommes de terre pelées, crues et
coupées en tranches fort minces, et faites-les frire de belle
couleur : en servant saupoudrez-les de sel.

Pommes de terre au beurre noir.

Les pommes de terre cuites à l'eau et épluchées, on les
coupe par tranches que l'on arrange sur un plat, entourées
de persil frit et masquées avec une sauce au beurre noir.

DES CAROTTES ET DES PANAIS.

On comprend ces deux légumes sous le nom de racines. On
ne se sert guère des panais que pour donner du goût au bouillon ; quant aux carottes, on les emploie en outre dans la plupart des ragoûts, et à faire quelques petits plats d'entremets.

Carottes à la sauce blanche.

On coupe proprement en tranches, et on les fait blanchir ;
on les fait cuire dans une chopine d'eau, très-peu de sucre
et un peu de beurre et de sel ; lorsqu'elles sont cuites, et que
le mouillement est court, on s'en sert pour faire une sauce
blanche avec du beurre et de la farine, et on lie les carottes.

DU PERSIL ET DE LA CIBOULE.

On les emploie fréquemment en cuisine ; ils sont même
d'une si grande utilité, qu'il n'est guère possible, sans eux,
de faire de bons ragoûts.

La racine de persil ne sert que pour le pot : il en faut mettre très-peu, parce qu'elle est d'un goût très-fort et contraire
aux personnes échauffées.

DU CERFEUIL, OSEILLE, POIRÉE, BONNE-DAME.

Toutes ces herbes sont excellentes pour faire de bonnes
soupes et des ragoûts de farce. Pour faire de la farce, on les
hache très-menues; on les fait cuire sans eau ; ensuite on les
retire et on les met dans une casserole avec un bon morceau
de beurre ; on met une petite pincée de farine, et on y fait
boire de la crème selon la quantité ; on l'assaisonne d'un bon
goût, et on la lie avec quelques jaunes d'œufs. On sert avec
des œufs mollets autour : il faut faire bouillir les œufs dans
l'eau pendant cinq minutes.

DE L'OGNON.

L'ognon entre dans beaucoup de potages, dans le jus et dans les coulis.

Le petit ognon blanc est le plus estimé pour faire des ragoûts; pour lors on ne l'épluche point, on n'en coupe que le bout de la tête et de la queue; on le fait cuire dans l'eau un quart-d'heure; on le retire ensuite dans de l'eau fraîche, et après lui avoir ôté la première peau, on le fait cuire dans du bouillon; quand il est cuit, on y met deux cuillerées de coulis pour lier la sauce; on l'assaisonne de bon goût, et on le sert avec ce que l'on juge à propos.

Lorsqu'ils sont cuits dans du bouillon, bien égouttés et refroidis, ils se mangent en salade, avec sel, poivre, huile et vinaigre.

DU POIREAU.

On ne se sert du poireau, en cuisine, que pour mettre dans le pot; il donne bon goût au bouillon.

DU CELERI.

Quand il est bien blanc et bien tendre, il se mange en salade avec une rémoulade de sel, poivre, huile, vinaigre et moutarde; on en met aussi un pied ou deux, pour donner du goût au bouillon; il se sert aussi en ragoût avec de la viande: à cet effet, on le fait cuire une demi-heure dans de l'eau bouillante, on le retire dans de l'eau fraîche, on le passe bien, et on achève sa cuisson avec du bouillon et du coulis; on l'assaisonne de bon goût; et on a soin de le dégraisser, après quoi on le sert sous une viande à son choix.

DES RADIS ET DES RAVES.

Ils ne sont bons en cuisine que pour servir crus en hors-d'œuvre fort commun, au commencement du dîner, à côté du potage.

DES NAVETS.

Ils se mettent dans le pot, et servent aussi à faire de bons potages. On les emploie encore en ragoûts pour mettre sous la viande.

Navets glacés.

Vous tournez une douzaine de navets en la forme que vous jugez à propos; vous les faites blanchir, et les mettez dans une casserole avec une pinte de bon bouillon ou de consommé, gros comme un œuf de sucre, autant de beurre, et deux ou trois cuillerées de blond de veau ; faites-les bouillir jusqu'à ce qu'ils soient cuits ; quand ils le sont, vous les faites promptement réduire, et, après les avoir dégraissés, vous les dressez proprement sur un plat, et versez leur sirop dessus

DES LAITUES POMMÉES ET ROMAINES.

Quand elles sont belles et tendres, elles se mangent en salade ; elles servent à garnir des potages ; on en fait aussi un ragoût. A cet effet, après les avoir épluchées et lavées, vous les faites blanchir et cuire dans du bouillon et quelques bardes de lard ; au moment de servir, vous les égouttez, les pressez dans un torchon, et les dressez en miroton sur un plat. Mettez entre chaque laitue un croûton de pain glacé ; saucez-les avec une espagnole bien corsée.

DE LA CHICORÉE SAUVAGE

BLANCHE ET VERTE

La première n'est bonne que pour manger en salade ; la seconde ne s'emploie que dans les bouillons rafraîchissans, et à faire des décoctions de médecine.

De la chicorée blanche ordinaire.

Elle se mange souvent en salade et sert quelquefois à faire des ragoûts. A cet effet, après l'avoir épluchée et lavée, vous la faites bouillir un quart-d'heure dans de l'eau ; vous la retirez dans de l'eau fraîche pour la bien presser ; après l'avoir hachée, vous la mettez dans une casserole avec un petit morceau de beurre, sel, poivre et muscade, vous la mouillez avec du velouté, et lui faites boire une bonne chopine de crème ; lorsqu'elle est réduite, dressez-la sur le plat avec des œufs mollets ou des croûtons de pain autour.

DES SALSIFIS.

Le salsifis est une racine noire. Vous les ratissez pour en ôter la superficie noire ; quand ils sont blancs, vous les mettez à mesure dans un vase où il y aura de l'eau et du vinaigre blanc ; vous les ferez cuire ensuite dans un blanc composé de farine, d'eau, de jus de citron et de sel, et vous en servirez pour ce que vous jugerez à propos, soit dans une sauce à la crème, ou dans une sauce espagnole, avec un morceau de beurre : si vous voulez les faire frire, faites-les mariner quelques heures dans du vinaigre et un peu de sel ; vous les trempez ensuite dans une pâte à frire, et les servez chaudement garnis de persil frit.

On mange aussi les salsifis en salade, avec de l'huile, du vinaigre, du sel, du poivre, du persil haché, et des anchois dessalés.

DES ARTICHAUTS.

On les emploie fréquemment en cuisine. Ils servent à faire des entremets, et les cuis à garnir toutes sortes de ragoûts.

Les artichauts se mangent communément après avoir coupé le dessous, et à moitié les feuilles de dessus. On les fait cuire dans l'eau avec un peu de sel ; quand ils sont cuits, on les met égoutter, et on ôte le foin : on les sert ensuite avec une sauce blanche.

Ces mêmes artichauts, cuits et refroidis, se mangent aussi à l'huile, avec sel, poivre et vinaigre.

Les petits artichauts verts se mangent à la poivrade ; on les met sur une assiette, et ils se placent à côté du potage pour hors-d'œuvre.

Artichauts à la barigoule.

Prenez quatre artichauts moyens et bien tendres, vous les parez et les faites blanchir légèrement, pour en ôter le foin. Mettez une livre d'huile dans une poêle, et faites frire vos artichauts du côté des feuilles, pour les faire sécher et les rendre croquantes. Ayez du persil, des champignons et des échalotes, le tout haché et assaisonné d'un bon goût ; vous les passez un instant dans un peu de beurre, pour leur faire perdre leur âcreté, et les mêlez ensuite avec un quarteron de beurre frais et autant de lard râpé ; vous faites entrer cet appareil dans l'intérieur de vos artichauts, et les ficelez ; vous les mettez dans une casserole avec des bardes de lard, et les faites cuire doucement, feu dessus et dessous, avec quelques cuillerées de bonne huile. Servez-les avec une sauce italienne, dans laquelle vous faites réduire un verre de vin blanc.

DES ASPERGES.

Les plus grosses sont estimées les meilleures, et parmi ces dernières on préfère l'asperge de Rosny pour le goût et la grosseur. Elles se mangent de plusieurs façons. L'on en fait des ragoûts pour garnir des entrées. Elles servent communément pour entremets, avec une sauce blanche ou à l'huile, lorsqu'elles sont cuites à l'eau et refroidies.

Asperges en petits pois.

Après les avoir coupées de la grosseur des petits pois, et bien lavées, faites-les cuire un moment dans l'eau ; mettez-les ensuite égoutter, et accommodez-les comme les petits pois à la bourgeoise : n'en retranchez que les laitues. (Voyez *Petits pois à la bourgeoise.*)

DU POTIRON ET DE LA CITROUILLE.

On ne s'en sert en cuisine que pour faire de la soupe avec du lait. Quand votre potiron ou citrouille est cuit à l'eau, vous l'égouttez dans une passoire et le passez en purée à l'étamine ; vous la relâchez avec du lait, et la faites partir sur un fourneau. Lorsqu'elle bout, mettez-y du sucre, une liaison de quelques jaunes d'œufs, peu de sel, et un morceau de beurre ; versez-la dans une soupière, avec des croûtons glacés au sucre et à la pelle rouge. Beaucoup de personnes la mangent sans sucre ; pour lors on met du poivre et beaucoup plus de sel.

Potiron en fricassée.

Faites cuire votre potiron dans l'eau ; vous le mettez ensuite dans une casserole avec un morceau de beurre, persil, sel et poivre ; quand il a bouilli un quart-d'heure, et qu'il ne reste plus de sauce, mettez-y une liaison de jaunes d'œufs avec de la crême et du lait.

DES CONCOMBRES.

Le concombre est une des quatre semences froides. On s'en sert pour les ragoûts, et on les emploie en gras et maigre. Leur préparation, avant de les faire cuire, est de les peler et d'en ôter le dedans.

Concombres à la crême.

Vous couperez les concombres en petits carrés : vous mettrez de l'eau et du sel dans une casserole ; quand elle bouillira, jetez-y les concombres ; dès qu'ils fléchiront sous le doigt, vous les retirerez de l'eau bouillante pour les mettre dans de l'eau froide, et vous les laisserez égoutter dans un linge : vous ferez une sauce à la crême un peu liée, et vous les mettrez dedans, puis vous les servirez sur votre plat.

DES ÉPINARDS.

Ce légume passe pour être très-sain ; souvent on l'administre aux malades et aux convalescens ; il est aussi très-utile en cuisine. Après les avoir épluchés et lavés, vous les faites cuire dans l'eau ; vous les retirez après dans de l'eau froide pour les bien presser ; vous les mettez ensuite dans une casserole, avec un morceau de beurre, un peu de sel et du sucre, et les passez sur un fourneau très-vif, pour les rendre verts ; mettez-y

6

une pincée de farine, et mouillez-les peu à peu avec de la crème. Au moment de servir, vous y mettez un bon morceau de beurre frais : servez-les chaudement, avec des croûtons autour.

Si vous voulez les accommoder au gras, à la place de crème, vous mettez du coulis ou du jus de veau : apprêtés de cette façon, on peut les servir avec de la viande cuite à la broche.

Épinards à l'anglaise.

Prenez de jeunes épinards, que vous éplucherez, laverez bien et ferez blanchir ; faites ensuite bouillir de l'eau dans un chaudron, dans laquelle vous jetterez une poignée de sel ; mettez vos épinards ; quand ils se mêleront avec l'eau, vous tâterez avec les doigts s'ils fléchissent ; alors vous les rafraîchirez ; puis vous les hacherez et les mettrez dans une casserole avec du sel et du poivre ; vous remuerez sur le feu ; lorsque vos épinards sont bien chauds, vous y mettez un bon morceau de beurre ; vous le mêlez avec les épinards, sans les poser sur le feu, pour empêcher que le beurre ne se tourne en huile : dressez-les sur votre plat, avec des croûtons frits dans le beurre autour.

DU HOUBLON.

Il se mange ordinairement en salade cuite. Après l'avoir fait cuire dans l'eau avec un peu de sel, et égoutter, vous le dressez sur le plat, et y mettez du sel, du poivre, de l'huile et du vinaigre.

On le mange encore accommodé comme les asperges en petits pois.

DES MELONS.

Un bon melon est une chose difficile à rencontrer. Pour les choisir bons, vous les portez à votre nez : ils doivent sentir comme un goût de goudron, avoir la queue courte et grosse ; en le pressant sous la main, il faut qu'il soit ferme et non mollasse, qu'il ne soit ni trop vert, ni trop mûr. Ils se servent pour hors-d'œuvre au commencement d'un repas.

DES TOPINAMBOURS.

Les topinambours sont très-peu estimés. Ceux qui veulent les employer doivent les faire cuire dans l'eau, ensuite les peler, et ensuite les mettre dans une sauce blanche avec de la moutarde.

DES BETTERAVES.

Les betteraves se font cuire dans de l'eau ou au four. On les mange en salade et en fricassée. Pour les fricasser, lorsqu'elles sont cuites à l'eau, émincez-les, et liez-les avec une bonne sauce à la crême.

DES CORNICHONS.

Les cornichons sont d'un grand usage en cuisine pour relever les sauces. Ceux de Hollande sont estimés les meilleurs, la couleur en est plus verte.

Cornichons confits.

Ayez de petits cornichons, ils sont préférés; vous les brosserez sans les écorcher; mettez-les dans des pots de grès avec du poivre long, de la passe-pierre, de l'estragon, quelques clous de girofle, des petits ognons: vous aurez du vinaigre dans lequel vous ajouterez du sel; vous le ferez bouillir, et vous le verserez ainsi dans le pot où sont les cornichons et votre assaisonnement, le lendemain faites-le encore bouillir jusqu'à trois fois; alors vos cornichons seront verts et bien croquans; vous les couvrirez, quand ils seront froids, avec un parchemin ou du papier.

DES CHAMPIGNONS, MORILLES

ET MOUSSERONS.

Les meilleurs sont ceux qui viennent sur couche. On peut en avoir de frais toute l'année. Quant aux morilles et aux mousserons, ils naissent dans les bois, et se trouvent au pied des arbres, au mois de mars et d'avril. Ils entrent dans une infinité de sauces et de ragoûts.

Pour avoir des morilles et des mousserons toute l'année, il faut les faire sécher. Après en avoir ôté le bout de la queue et les avoir lavés, vous les faites bouillir un instant dans l'eau; quand ils sont égouttés, vous les mettez sécher dans le four, dont la chaleur sera douce; étant secs, vous les serrez dans un endroit qui ne soit pas humide. Pour les employer, faites-les dégorger dans l'eau tiède.

Croûtes aux champignons à la provençale.

Prenez une certaine quantité de champignons, et lavez-les sans les peler; mettez quelques cuillerées de bonne huile dans une poêle, et faites-les cuire ainsi sur un fourneau très-vif pendant sept à huit minutes; ajoutez-y, pendant qu'ils cuisent, du sel, poivre et muscade, des échalotes et du per-

6.

gil, le tout haché; versez-les dans le plat et sur une croûte
de pain beurrée et séchée sur le gil.

DES CAPRES GROSSES ET FINES.

Les grosses servent ordinairement pour les sauces où il faut
des câpres hachées; les fines s'emploient toujours à garnir les
salades cuites, et à mettre entières dans les sauces.

DES CAPUCINES ET DE LA CHIA.

Les capucines sont des fleurs rouges qui se mettent sur les
salades et qui en font l'ornement. La chia se confit dans du
vinaigre, comme le cornichon, et se mange de la même
façon.

DES TRUFFES.

Les grosses sont les plus estimées. Celles qui viennent du
Périgord sont les meilleures. Elles se mangent ordinairement
cuites dans du vin et du consommé, assaisonnées de sel, poivre, un bon bouquet de fines herbes, de racines et ognons.
Vous ne les mettez cuire dans ce court-bouillon qu'après les
avoir fait tremper dans l'eau tiède, et bien frottées avec une
brosse, afin qu'il ne reste point de terre autour; quand elles
sont cuites, vous les servez pour entremets sous une serviette.
Elles sont excellentes dans toutes sortes de ragoûts, soit hachées ou coupées en tranches, après les avoir pelées. C'est un
des meilleurs assaisonnemens que vous pouvez servir en
cuisine.

Truffes à la maréchale.

Prenez de belles truffes bien lavées et frottées avec une
brosse; mettez-les, chacune assaisonnée de sel et de gros poivre, et enveloppée de plusieurs morceaux de papier, dans
une petite marmite, sans aucun mouillement, cuire dans la
cendre chaude, pendant une bonne heure, et servez-les chaudes dans leur naturel.

DU THYM, LAURIER, BASILIC, SARIETTE
ET FENOUIL.

Le thym, laurier, basilic, servent à mettre dans tous les
bouquets où il est dit de mettre de fines herbes; la sariette
ne sert guère que pour les fèves de marais; le fenouil sert
pour les ragoûts: vous le faites cuire un moment dans l'eau;
quand il est égoutté, vous le mettez sur la viande qui lui est
destinée, sans qu'il trempe dans la sauce.

DES CHERVIS.

Il y en a qui les ratissent, ce qui les diminue beaucoup, mais ils en sont plus délicats : d'autres se contentent de les laver et de rompre le dur. On les fait cuire avec de l'eau et du sel pendant un quart d'heure, et, après qu'ils sont égouttés, on les trempe dans une pâte faite avec de la farine, du vin blanc, une cuillerée d'huile et de sel : on a soin qu'elle ne soit pas trop claire, et qu'en tenant la cuillère en l'air, elle tombe en filant ; lorsqu'on les a trempés dans cette pâte, on les fait frire et on les sert pour entremets.

DE LA PATIENCE, BUGLOSE ET BOURRACHE.

Elles ne sont en usage, en cuisine, que pour faire des bouillons rafraîchissans, avec un petit morceau de veau, et point de sel.

DU CRESSON ALENOIS, CRESSON DE FONTAINE ;
CERFEUIL, ESTRAGON, BAUME, CORNE DE CERF ET PIMPRENELLE.

Le cresson de fontaine se sert autour d'une poularde et d'un chapon cuits à la broche ; vous l'assaisonnez de sel et d'un peu de vinaigre.

Le cresson alénois, le cerfeuil, l'estragon, le baume, la corne de cerf et la pimprenelle servent pour les garnitures de salades. L'on fait aussi avec de petites sauces vertes. Vous mettez de tout suivant sa force ; peu de baume et d'estragon, ces herbes étant très-fortes ; vous faites cuire le tout un moment dans l'eau ; vous les retirez à l'eau fraîche pour les bien presser, les hachez très-fines et les maniez avec un morceau de beurre ; puis les jetez dans la sauce que vous jugez à propos, sans bouillir, laquelle sauce vous aurez passée à l'étamine.

DE L'AIL, ROCAMBOLE ET ÉCHALOTE.

Vous vous en servez pour les ragoûts et sauces qui ont besoin d'être relevés, ainsi qu'il est marqué dans ce livre, à moins que vous n'en vouliez faire quelque sauce particulière.

DES ŒUFS.

Après la viande, rien ne fournit une plus grande diversité en cuisine que les œufs ; c'est un aliment excellent et nourrissant. Pour connaître si les œufs sont frais, on les présente à la lumière ; s'ils sont clairs et transparens, c'en est une marque assurée ; si, au contraire, ils sont piqués, c'est une marque qu'ils sont vieux : une tache tenant à la coquille annonce qu'ils ne valent rien.

Propriétés particulières des œufs.

Le jaune d'œuf frais, délayé dans de l'eau chaude avec un peu de sucre, forme ce qu'on appelle le *lait de poule*; il est bon pour les personnes enrhumées, qui doivent le prendre en se couchant.

Le blanc, battu avec de l'eau de plantain, est bon pour l'inflammation des yeux.

Manière de conserver les œufs.

On les met dans une futaille, l'été avec de la paille, l'hiver avec du foin, et on les place dans un endroit ni trop chaud ni trop froid : la cave leur est bonne quand elle n'est point humide. Il y a des personnes qui, au lieu de paille et de foin, se servent de sciure de bois de chêne et de cendres.

OEufs à la coque.

Quand votre eau bout, vous mettez vos œufs bouillir pendant deux minutes, vous les retirez et les couvrez une minute pour les laisser faire leur lait : servez-les dans une serviette.

OEufs brouillés.

Cassez une douzaine d'œufs et passez-les à l'étamine; assaisonnez-les de sel, poivre et muscade; ajoutez-y une cuillerée de coulis, ou de crème, ou de consommé; remuez-les sur un fourneau bien doux avec un fouet, jusqu'à ce qu'ils s'épaisissent; quand ils commencent à épaissir, retirez-les et vannez-y un bon morceau de beurre.

OEufs frits.

Faites trois omelettes fort minces de trois œufs chacune; assaisonnez-les de persil, ciboule, sel, gros poivre; à mesure que vous les faites, vous les étendez sur un couvercle à casserole, et les roulez bien serrés; coupez chaque omelette en deux pour en faire six morceaux de trois; ensuite vous les trempez dans un œuf battu et les panez de mie de pain; faites-les frire de belle couleur. Servez garni de persil.

OEufs au beurre noir.

Vous mettez dans une poêle un morceau de beurre que vous faites fondre sur le feu; quand il ne crie plus, vous y mettez des œufs que vous avez cassés dans un plat et assaisonnés de sel et poivre, et vous les faites cuire; passez une pelle rouge par-dessus pour faire cuire le jaune : en servant, vous y versez le beurre sur les œufs, ainsi qu'un filet de vinaigre.

OEufs à la crême.

Mettez dans le plat que vous devez servir un demi-setier de crème ; faites bouillir et réduire à moitié ; mettez-y huit œufs, du sel et gros poivre ; faites-les cuire ; passez la pelle rouge par-dessus ; servez à demi-mollets.

OEufs au lait.

Délayez six œufs avec une cuillerée de farine, gros comme deux noix de sucre, un peu de sel et trois poissons de lait ; mettez le tout dans le plat que vous devez servir ; faites-les cuire dans un fourneau : un quart d'heure suffit ; passez la pêlle rouge, et servez d'abord qu'ils sont cuits.

OEufs à la neige.

Faites bouillir trois demi-setiers de crême avec du sucre, de la fleur d'orange, des pralines, citron confit, massepain, le tout haché très-fin ; ayez huit œufs, fouettez-en les blancs, et mettez les jaunes à part ; prenez les blancs fouettés avec une cuillère ; empochez deux ou trois cuillerées à la fois dans la crême, ce qui formera des œufs pochés sans jaune ; mettez-les égoutter, et dressez-les les uns sur les autres, jusqu'à ce que cela vous forme huit œufs pochés, sur le plat que vous devez servir ; posez la crème sur le feu pour la faire réduire au point d'une sauce ; quand vous êtes prêt à servir, mettez-y les huit jaunes ; faites lier sur le feu sans bouillir, de crainte que vos jaunes ne tournent, et versez la sauce sur les blancs d'œufs.

OEufs à la farce.

Les œufs à la farce ne sont autre chose que des œufs durs mis sur un ragoût de farce.

OEufs au pain.

Mettez dans une caserole une demi-poignée de mie de pain avec un poisson de crème, sel, poivre, un peu de muscade ; quand le pain a bu toute la crème, cassez dix œufs et battez-les ensemble pour en faire une omelette.

OEufs au miroir.

Vous prenez un plat qui aille au feu ; vous mettez dans le fond un peu de beurre étendu partout ; cassez vos œufs et mettez-les dessus, assaisonnez-les de sel, poivre, et deux cuillerées de lait : faites-les cuire à petit feu sur un fourneau ; passez la pelle rouge dessus et servez.

OEufs pochés au jus.

Vous mettez de l'eau au trois-quarts d'une casserole avec du sel et un peu de vinaigre ; vous la placerez sur le bord du fourneau; en cassant l'œuf, prenez garde d'endommager le jaune, versez doucement l'œuf dans l'eau; mettez-en cinq; laissez-les prendre, tenez toujours l'eau bouillante; retirez-les de l'eau avez une cuillère percée; s'ils ont un peu de consistance, vous les mettez dans de l'eau froide. On se sert toujours d'œufs frais pour pocher.

Pour entremets, pochez-en douze ou quinze; vous les changerez d'eau; un instant avant de servir, vous les ferez chauffer; égouttez-les sur un linge blanc et dressez-les sur un plat; vous mettrez un peu de mignonnette de poivre sur chaque œuf, et du jus dessous.

Œufs en filets.

Passez sur le feu, avec un morceau de beurre, de l'ognon, des champignons coupés en filets, avec une petite pointe d'ail; quand l'ognon commence à se colorer; mettez-y une bonne pincée de farine; mouillez avec du consommé et un verre de vin blanc, sel, gros poivre; faites bouillir une demi-heure et réduire au point d'une sauce; ensuite vous y mettez des œufs durs, les blancs coupés en filets et les jaunes entiers : faites bouillir un moment et servez.

Œufs au fromage.

Mettez dans le plat que vous devez servir trois ou quatre cuillerées de crème réduite, et cassez-y dix œufs; prenez garde que le jaune ne crève; saupoudrez-les de fromage de parmesan râpé et une pincée de mignonnette; vous les faites cuire au four et les rendez mollets.

Œufs à la bourgeoise.

Étendez du beurre de l'épaisseur d'une lame de couteau, dans le fond du plat que vous devez servir; mettez-y partout des tranches de mie de pain coupées très-minces, et aussi de petites tranches de fromage de Gruyère, ensuite huit ou dix œufs; assaisonnez d'un peu de sel, muscade, gros poivre : faites cuire à petit feu sur un fourneau.

Œufs au gratin.

Prenez un plat qui souffre le feu; mettez dessus un petit gratin, que vous faites avec de la mie de pain, un morceau de beurre, un anchois haché, persil, ciboules, une échalote; le tout haché, trois jaunes d'œufs; mêlez le tout ensemble avant de le mettre dans le fond du plat; faites-le attacher sur petit feu; ensuite vous casserez dessus sept ou huit œufs, que vous assaisonnerez de sel et poivre; faites cuire doucement; passez la pelle rouge dessus : quand ils seront cuits, le jaune mollet, servez.

OEufs en gratin au parmesan.

Mettez dans le fond du plat que vous devez servir gros comme la moitié d'un œuf de mie de pain avec un peu de fromage de parmesan râpé, un morceau de beurre, deux jaunes d'œufs crus, un peu de muscade et de gros poivre ; mêlez le tout ensemble et l'étendez ; faites-le attacher sur un petit feu, et ensuite vous y casserez dix œufs ; poudrez tout le dessus des œufs avec du parmesan râpé ; faites cuire, et passez la pelle rouge : ayez soin que les jaunes ne soient qu'à demi-mollets.

OEufs à la tripe.

Coupez en petits dés une demi-douzaine d'ognons ; faites-les roussir dans du beurre ; lorsqu'ils sont d'une belle couleur, épongez-les et mouillez-les avec du consommé et du bon bouillon ; faites réduire, et dégraissez : au moment de servir, vous ajoutez un bon morceau de beurre, sans faire bouillir, et une douzaine d'œufs durs coupés en tranches.

OEufs à la huguenotte.

Prenez le plat que vous devez servir et mettez-le sur un feu moyen avec un peu de jus ; cassez doucement des œufs pour que les jaunes restent entiers ; assaisonnez de sel, gros poivre ; faites cuire le dessus avec une pelle rouge, et les servez à demi-mollets.

OEufs en timbales.

Faites fondre un peu de beurre pour beurrer en-dedans six gobelets ou timbales de cuivre ; vous prenez six œufs, blancs et jaunes, que vous délayez avec trois ou quatre cuillerées de coulis ; assaisonnez de sel, poivre ; passez-les dans une étamine et versez-les dans les gobelets (il ne faut pas les remplir) ; mettez-les cuire au bain-marie ; que l'eau bouille doucement ; quand ils sont fermes, il faut passer légèrement autour un couteau pour les détacher du gobelet, et les renverser dans le plat. Servez avec un jus clair.

OEufs grillés.

Prenez une grande feuille de papier blanc, que vous coupez en petits carrés égaux ; mettez chaque petit carré en double, pour le plier en petites caisse ; beurrez-les en-dedans et en-dehors ; prenez un bon morceau de beurre, que vous mêlez avec une demi-poignée de mie de pain, persil, ciboule, une pointe d'ail, sel, gros poivre, et mettez ensuite le tout dans le fond de vos caissess ; cassez un œuf dans chaque caisse ; assaisonnez-le dessus avec un peu de sel et poivre fin ; faites-les cuire à petit feu sur le gril : passez la pelle rouge par-des-

6..

sus; que les jaunes soient à demi-mollets. Servez-les avec les caisses.

Œufs brouillés aux pointes d'asperges.

Vous les faites comme les œufs brouillés ordinaires, et y ajoutez, avant de les faire bouillir, les pointes d'asperges cuites, ou des tomates, ou des truffes : il faut que tout ce qui est mélangé avec les œufs soit préparé comme si on allait le manger, n'importe cependant que cela soit chaud ou froid.

Œufs à la portugaise.

Faites durcir des œufs; coupez-les également par moitié, et séparez les jaunes des blancs; vous mettez les jaunes dans un mortier avec gros comme un œuf de mie de pain trempée dans du lait et pressée dans un linge; pilez le tout ensemble, et, un instant après, joignez-y un quarteron de beurre, deux jaunes d'œufs et un blanc, l'un et l'autre crus, sel, poivre et muscade. Cette farce étant bien pilée, il est inutile de la passer au tamis à quenelle; relevez-la sur un plat, et mettez-en sur vos œufs, en leur donnant la forme comme s'ils étaient entiers; panez-les de mie de pain et faites-leur prendre une belle couleur dans un four d'une chaleur un peu vive. Si vous voulez les faire frire, trempez-les dans de l'œuf entier avant de les paner.

Omelette à la bourgeoise.

Cassez dans une casserole la quantité d'œufs que vous voulez employer pour votre omelette; saupoudrez-les de sel fin, et battez bien vos œufs; faites fondre du beurre dans une poêle; mettez-y vos œufs et faites-les cuire; ayez soin que votre omelette soit d'une belle couleur, et renversez-la dans le plat que vous devez servir.

Ceux qui aiment le persil et la ciboule en peuvent mettre dans l'omelette, mais il faut qu'ils soient bien hachés.

Omelette au rognon.

Vous hachez bien votre rognon, pour qu'il se mêle bien avec vos œufs; vous battez le tout ensemble, et vous faites cette omelette dans une poêle comme les autres. Vous vous réglerez sur l'assaisonnement qu'il y a dans le ragoût pour saler l'omelette, afin qu'elle ne soit pas de trop haut goût.

En général, vous emploierez les mêmes procédés pour les omelettes au lard, aux pointes d'asperges, aux truffes, aux champignons, aux morilles et aux mousserons.

Omelette aux harengs saurs.

Ouvrez vos harengs par le dos, et faites-les griller ; vous les cachez et les mettez dans l'omelette, comme si vous mettiez du jambon ; il ne faut point de sel dans les œufs : finissez cette omelette comme les autres.

Omelette soufflée.

Cassez six œufs; mettez les blancs et les jaunes à part; ajoutez plein quatre cuillères à bouche de sucre en poudre; vous hacherez bien fin la moitié du zeste d'une écorce de citron, que vous mettrez avec les jaunes ; vous les mêlerez avec du sucre et du citron; au moment de servir, vous fouetterez vos blancs d'œufs comme pour les biscuits; vous mêlerez bien les jaunes avec les blancs : vous mettrez après cela un quarteron de beurre dans la poêle sur un feu peu ardent; dès que le beurre est fondu, vous y joignez les œufs; vous remuez l'omelette, pour que le fond vienne dessus ; quand vous voyez que l'omelette a bu le beurre, vous la versez en chausson sur un plat beurré, que vous mettrez sur un lit de cendres rouges ; vous jetterez du sucre en poudre sur l'omelette : posez dessus le four de campagne très-chaud ; lorsqu'elle sera cuite à propos, servez.

DES RAGOUTS.

Ragoût de truffes.

Pelez de moyennes truffes et coupez-les en tranches; mettez-les dans une petite casserole ; vous les passez avec un peu de beurre et de muscade râpée ; vous les mouillez avec de l'espagnole et du consommé, et, après les avoir dégraissées, vous incorporez un verre de vin de Champagne réduit.

Ragoût de mousserons.

Mettez des mousserons dans une casserole avec un morceau de beurre, un bouquet de persil et ciboule; passez-les sur le feu ; mettez-y une pincée de farine, et mouillez avec un verre de bouillon, un demi-verre de vin blanc, autant de jus; faites cuire une bonne heure; dégraissez et ajoutez-y un peu de coulis, si vous en avez ; si vous n'en avez pas, vous y mettrez un peu plus de farine en les passant; assaisonnez de sel et gros poivre.

Le ragoût de champignons ou de morilles se fait de même, à la différence qu'il faut que les morilles soient bien lavées et battues dans plusieurs eaux pour en faire sortir le sable.

Ragoût d'écrevisses.

Après les avoir fait bouillir un moment dans l'eau, on en épluche les queues seulement, que l'on met dans une casserole avec demi-verre de vin blanc, autant de bouillon, et un verre de coulis; on les fait bouillir un bon quart d'heure, et on les sert avec ce que l'on veut : si c'est avec un coulis d'écrevisses, on les fera cuire simplement avec du bouillon et du vin blanc ; et, lorsqu'il n'y aura presque plus de sauce, on les mettra dans un coulis d'écrevisses.

Ragoût de pistaches.

Ayez une demi-poignée de pistaches, que vous mettrez un instant à l'eau bouillante ; à mesure que vous les retirerez, vous les jetterez dans de l'eau fraîche, puis vous en ôterez la peau et les laisserez-égoutter ; vous les mettrez ensuite dans une sauce faite avec de bon coulis.

Ragoût de foies gras.

Vous ôtez l'amer des foies gras et les coupez par morceaux, s'ils sont trop gros; vous les faites cuire dans une mirepoix, et, après les avoir égouttés, vous les incorporez, au moment de servir, dans une bonne espagnole clarifiée et réduite à son point.

Ragoût de choux.

Faites bouillir dans l'eau, pendant une demi-heure, la moitié d'un chou moyen; retirez-le à l'eau fraîche, pressez-le bien et ôtez-en le trognon; hachez un peu le chou, et mettez-le dans une casserole avec un morceau de bon beurre; passez-le sur le feu; mettez-y une bonne pincée de farine mouillée avec du bouillon et du jus, jusqu'à ce qu'il y en ait assez pour donner une couleur dorée à votre ragoût; faites bouillir à petit feu jusqu'à ce que le chou soit cuit et réduit à courte sauce; assaisonnez de sel, gros poivre, un peu de muscade râpée; servez dessous la viande que vous jugerez convenable.

Ragoût de farce.

Mettez dans une casserole, avec un bon morceau de beurre, oseille, laitue, cerfeuil, persil, ciboule, pourpier, le tout bien lavé, haché et bien pressé; passez ces herbes sur un bon feu jusqu'à ce qu'il n'y ait plus d'eau; mettez-y une bonne pincée de farine; mouillez avec du jus et du coulis; assaisonnez de sel et gros poivre; faites cuire et servez à courte sauce. Si c'est en maigre, après avoir mis de la farine, faites bouillir jusqu'à ce que les herbes soient cuites et qu'il ne reste plus de sauce; mettez-y une liaison de trois jaunes d'œufs délayés avec de la crême ou du lait; faites lier sur le feu sans bouillir.

Ragoût de laitances.

Vous faites réduire une demi-bouteille de vin de Champagne avec un bouquet garni ; quand elle est réduite, ôtez le bouquet, et mettez à la place quelques cuillerées d'espagnole et de consommé ; clarifiez cette sauce, et réduisez-la ensuite à son point : après avoir fait blanchir légèrement les laitances de carpe, faites-les mijoter quelques minutes dans leur ragoût.

Ragoût mêlé.

Mettez dans une casserole des champignons coupés en quatre, des foies gras, deux ou trois culs d'artichauts à moitié cuits à l'eau et coupés par morceaux, un bouquet de persil et ciboules, une demi-gousse d'ail, un peu de beurre ; passez le tout sur le feu ; mettez-y une pincée de farine : mouillez avec un demi-verre de vin blanc, un peu de coulis et du bouillon : faites cuire une demi-heure ; dégraissez ; assaisonnez de sel, gros poivre. Si vous avez de petits œufs, après les avoir fait bouillir un instant, pour en enlever la peau, vous les ajoutez au ragoût, et lui faites faire encore un bouillon : si vous n'en avez point de naturels, et que vous en vouliez de factices, vous en ferez suivant la recette indiquée.

Si vous désirez ce ragoût au blanc, vous n'y mettrez point de coulis, et, avant de servir, vous mettrez une liaison de trois jaunes d'œufs avec de la crême.

Ragoût de moules.

En maigre, les moules s'accommodent comme nous l'avons dit à l'article des *poissons*.

En gras, on met dans une casserole quelques champignons, un bouquet de persil et ciboules, une gousse d'ail, deux clous de girofle, un petit morceau de beurre, un ognon en tranches avec une racine : on les passe sur le feu jusqu'à ce qu'ils soient colorés ; on y met une pincée de farine ; on mouille avec un verre de vin blanc, de l'eau de moule, du jus : on fait bouillir une bonne demi-heure ; on dégraisse ; on ajoute un peu de coulis : si on n'en a point, il faut un peu de farine et de jus : on fait réduire au point d'une sauce ; on la passe à l'étamine ; on y met les moules sans coquilles, après qu'on les a fait ouvrir sur le feu, un peu de gros poivre et du sel, si l'eau des moules n'a point assez salé la sauce.

Ragoût d'olives.

Vous prenez telle quantité d'olives que vous jugez à propos : vous coupez chacune en tournant autour du noyau, de façon que la chair y tienne ; vous les mettez à mesure dans

l'eau ; après les avoir bien égouttées, vous les faites blanchir
et les incorporez dans de l'espagnole clarifiée et réduite.

Ragoût au salpicon.

Mettez dans une casserole un ris de veau blanchi, deux culs
d'artichauts aussi blanchis, des champignons, le tout coupé
en dés, avec un bouquet de persil, ciboule, une demi gousse
d'ail, un clou de girofle, une demi-feuille de laurier, un peu
de basilic, un morceau de beurre ; passez le tout sur le feu et
mettez-y une bonne pincée de farine ; mouillez avec du jus,
vin blanc, un peu de bouillon, sel, gros poivre ; faites cuire
et réduire à courte sauce ; dégraissez avant que de servir.

Ragoût de marrons.

Vous pelez un quarteron de marrons, et les passez au
beurre sur un fourneau très-vif ; par ce procédé, vous leur
enlèverez la seconde peau. Vous les faites cuire ensuite dans
de l'espagnole et du consommé : faites en sorte que la sauce
ne soit pas trop claire, et que les marrons ne soient pas trop
cuits, car ils s'écraseraient.

Hachette de toutes sortes de viandes cuites à la broche.

Vous prenez de la viande cuite à la broche, telle que vous
l'aurez, soit de boucherie ou volaille ou gibier ; vous la couperez par tranches fort minces ; vous la mettrez dans une casserole avec un peu de persil, ciboules, échalotes, champignons, le tout haché, un peu de bouillon, sel, gros poivre ; vous faites mijoter le tout sur le peu pendant un quart
d'heure ; vous mettez dans le plat que vous devez servir un
peu de la sauce de votre viande, avec de la mie de pain ;
vous arrangerez votre viande sur la mie de pain ; vous remettrez sur la viande encore un peu de mie de pain ; vous faites
attacher sur un feu doux, jusqu'à ce qu'il se fasse un petit
gratin au fond du plat ; vous verserez ensuite le reste de la
sauce par-dessus, avec un filet de verjus, ou de vinaigre à défaut de verjus.

Hachis de bœuf.

Hachez très-fin trois ou quatre ognons, et mettez-les dans
une casserole avec un peu de beurre ; passez-les sur le feu,
jusqu'à ce qu'ils soient presque cuits ; mettez-y une bonne
pincée de farine, que vous remuerez jusqu'à ce qu'elle soit
d'une couleur dorée ; mouillez avec du bouillon, un demi-
verre de vin, sel, gros poivre ; laissez bouillir jusqu'à ce que
l'ognon soit cuit, et qu'il n'y ait plus de sauce ; mettez-y du
bœuf haché ; faites-le bouillir, pour qu'il prenne goût avec

l'ognon : en servant mettez-y une cuillerée de moutarde ou un filet de vinaigre.

Manière de faire la Mirepoix.

Vous coupez en très-petits dés un quarteron de jambon maigre et une livre de lard ; mettez le tout dans une casserole, avec une demi-livre de beurre, un bouquet garni, une carotte et un ognon ; après avoir fait mijoter cela pendant une heure, vous les mouillez avec un demi-verre d'eau, afin de faire fondre, le plus qu'il vous sera possible, le lard et le jambon.

Sauce à l'italienne.

Mettez dans une casserole deux bonnes cuillerées d'huile fine, des champignons hachés, un bouquet de persil, ciboules, demi-feuille de laurier, gousse d'ail, deux clous de girofle ; passez le tout sur le feu, et mettez-y une poignée de farine ; mouillez avec du vin blanc, autant de bouillon et un peu de coulis, sel, gros poivre ; faites bouillir une demi-heure, dégraissez, ôtez le bouquet et servez. Si c'est en maigre, vous mettrez du bouillon maigre, et, à la place du coulis, un peu plus de farine, et deux cuillerées de jus d'ognons.

ROTIES.

Roties au jambon.

Elles se font en coupant six ou sept tranches de pain de la largeur de deux bons doigts, vous les passez dans du beurre, jusqu'à ce qu'elles soient d'une belle couleur dorée ; vous coupez autant de tranches de jambon de même grandeur, que vous faites dessaler une heure dans de l'eau, s'il n'est pas nouveau ; ensuite vous les mettez dans une casserole, sur un petit feu, pendant une heure ; quand le jambon est cuit, vous l'ôtez de la casserole ; vous mettez dans sa cuisson une pincée de farine pour faire un petit roux ; vous mouillez ce roux avec du bouillon sans sel et un bon filet de vinaigre · vous laissez bouillir cette sauce un bon quart d'heure ; après l'avoir dégraissée, vous la passez au tamis ; vous dressez le jambon sur les roties de pain, avec la sauce par-dessus, semée de quelques grains de gros poivre.

Roties au lard.

Coupez des tranches de pain de la largeur de deux doigts et d'égale grandeur ; mettez dessus suffisamment de petit lard coupé en petits dés et manié avec un œuf cru, persil, ci-

boule, une échalote, le tout haché, et gros poivre : faites-les
frire à petit feu, et servez avec une sauce claire dans laquelle
vous mettrez un filet de vinaigre.

Roties aux anchois.

Elles se font avec des mies de pains passées au beurre ; on
arrange dessus une demi-douzaine d'anchois bien lavés et coupés en filets minces dans leur longueur ; assaisonnez les roties
avec de l'huile, du vinaigre et du gros poivre.

Roties de rognons de veau.

On coupe des mies de pain de même grandeur que les précédentes, et on met dessus une farce d'un rognon de veau
cuit à la broche, qu'on hache avec autant de sa graisse, persil, ciboule, une échalote, sel, gros poivre : on lie de quatre
jaunes d'œufs et les blancs fouettés ; on met cette farce sur
les roties ; on unit le dessus avec un couteau trempé dans de
l'œuf battu ; on pane avec de la mie de pain ; on fait cuire
dans une tourtière avec du feu dessous et dessus, et on sert
les roties avec une petite sauce claire, un peu relevée.

Roties aux épinards.

Le ragoût d'épinards fini de bon goût et bien épais, vous y
mettez ensuite deux jaunes d'œufs crus : vous arrangez les
épinards sur des mies de pain coupées comme les précédentes ; vous unissez avec un couteau trempe dans de l'œuf,
vous panez le dessus de mie de pain, et vous les faites frire.
Servez sans sauce.

Roties aux haricots verts.

Elles se font comme celles aux épinards.

Roties de toutes sortes de viandes.

Prenez telle viande que vous jugerez à propos, de celle qui
a été desservie de la table ; coupez-la en petits dés pour en
faire un ragoût bien lié ; quand il est froid, vous y mettez
deux jaunes d'œufs crus ; dressez votre viande sur des mies de
pain ; unissez le dessus avec un couteau trempé dans de l'œuf,
panez de mies de pain, et faites frire de belle couleur. Servez
avec une sauce claire.

DES ÉPICERIES.

Le sel. Tout le monde sait qu'il est indispensable. Le poivre l'est un peu moins. Le salpêtre sert à faire des glaces ; on

le mêle avec deux tiers de glace pour faire les crèmes et liqueurs que l'on juge à propos.

La muscade, le clou de girofle, le macis, le gingembre,
le poivre fin, la fleur muscade, la cannelle, la coriandre,
servent à assaisonner les ragoûts. L'on en fait aussi des épices
mêlées, en mettant de chacune la dose qui lui est convenable.
Sans se donner cette peine, on en trouve de toutes préparées
chez les épiciers. Ces épices mêlées sont excellentes pour toutes sortes de pâtes et entremets de viande froide.

Le genièvre n'est bon que pour les viandes qu'on veut mettre au sel, comme pièce de bœuf et petit salé, jambon pour
fumer : il en faut très-peu.

La moutarde se sert à côté du bœuf, à dîner, et à faire des
sauces Robert et rémoulade.

Les pistaches s'emploient pour des crèmes, des galentines,
et à faire quelques ragoûts particuliers.

Les amandes douces et amères servent à faire des biscuits,
des macarons, des abaisses de massepains, et entrent dans
plusieurs sortes de crèmes ; elles servent aussi à faire de l'or-
geat, comme il est expliqué au titre *office*.

Le vinaigre rouge et blanc, le citron et l'orange aigre, servent à relever le goût des sauces.

La bonne huile d'olive sert pour toutes sortes de salades, et
dans une infinité de ragoûts.

Manière de faire le vinaigre.

Vinaigre rouge. Ayez un baril neuf de grandeur à contenir
vingt pièces de liquide (s'il est de vieux bois, il faut le faire
doler en dedans). Faites bouillir une pinte du plus fort vinaigre ; mettez-le tout bouillant dans le baril que vous boucherez
bien avec le bondon, et roulez le baril en agitant le vinaigre,
jusqu'à ce qu'il soit tout-à-fait froid. Six heures après vous
ôtez ce vinaigre, et mettez le baril en place dans un endroit chaud, ayant soin de le bondonner. Vous faites un trou
sur le haut du baril, au-dessus du jable, assez grand pour in-
troduire le bout d'un grand entonnoir ; vous y versez, par
son moyen deux pintes de bon vinaigre ; huit jours après vous
y ajoutez une pinte de vin propre à faire du vinaigre, et de
huit jours en huit jours vous en ajoutez une semblable quantité, jusqu'à ce que le baril soit à moitié plein ; alors vous en
pouvez mettre davantage : ayez attention de vous assurer,
avant de remettre de nouveau vin, que le vinaigre du baril
est toujours aussi fort que le premier que vous avez mis,
parce que, s'il était plus faible, l'augmentation que vous fe-
riez n'aurait pas la même force. Votre baril étant plein, et le
vinaigre dans sa bonté, vous en retirez les deux tiers que vous
mettez dans un autre vaisseau ; ensuite vous remettez du vin

peu à peu comme ci-dessus ; et, par ce moyen, vous avez toujours du vinaigre. Le vin le plus propre à faire du vinaigre, est celui que l'on retire auprès de la lie, celui qui est poussé et aigri, sans avoir de fleurs. Lorsque le vinaigre n'a pas assez de couleur, on y met du jus de mûres sauvages.

Vinaigre blanc. Il se fait avec le rouge. Pour opérer ce changement, vous mettez sur le feu dix pintes de vinaigre rouge ; plus ou moins, suivant la quantité que vous voulez du blanc ; vous le faites bouillir jusqu'à ce qu'il soit réduit à huit ; ensuite vous le faites distiller à l'alambic.

Vinaigre rosat. On fait sécher deux jours au soleil une once de roses muscades que l'on met dans une pinte de vinaigre blanc, lequel on expose ainsi au soleil pendant quinze jours dans une bouteille bien bouchée, pour y laisser infuser les roses : au bout de ce temps, on décante le vinaigre, on en exprime le marc, et on le met dans des bouteilles que l'on a soin de bien boucher.

Vinaigre d'estragon. On fait sécher de l'estragon au soleil ; on le met dans une cruche que l'on emplit de vinaigre ; on le laisse infuser pendant quinze jours ; au bout de ce temps, on décante la liqueur, on en exprime le marc, et on les place dans un endroit frais.

Vinaigre printannier pour la salade. Prenez trois onces d'estragon, autant de sariette, de civette, d'échalote et d'ail, une poignée de sommités de menthe et de baume : faites sécher le tout : mettez-le ensuite dans une cruche avec huit pintes de vinaigre blanc ; faites-le infuser au soleil pendant quinze jours ; au bout de ce temps, décantez-le, exprimez-en le marc, filtrez-le, et gardez-le dans des bouteilles parfaitement bouchées.

DU BEURRE, DU FROMAGE ET DU LAITAGE.

Du beurre.

Le meilleur est celui qui est jaune naturellement, et qui ne se fait pas sentir ; le blanc n'est pas à beaucoup près, d'un goût si agréable. Les beurres de mai et de septembre sont estimés pour la bonté, et c'est dans ces deux saisons qu'on doit en faire sa provision, soit pour en fondre ou pour en saler.

Beurre fondu.

Sur trente livres de beurre mis dans un chaudron bien propre, vous mettez quatre clous de girofle, deux feuilles de laurier, deux ognons. Vous faites cuire ce beurre à petit feu pendant trois heures, sans l'écumer, jusqu'à ce qu'il soit parfaitement clair; vous le retirez ensuite du feu pour le laisser reposer pendant une heure, vous l'écumez ensuite et le versez doucement dans des pots de grés. Passez le fond du beurre au travers du tamis. Quand vos pots sont pleins, vous les portez à la cave; étant froids, vous les couvrez d'un papier et d'une ardoise. Ce beurre ne peut se garder long-temps.

Beurre salé.

Après avoir lavé votre beurre plusieurs fois pour faire sortir son lait, vous en prenez deux livres à la fois, que vous mettez sur une table bien nette; vous l'étendez avec un rouleau de l'épaisseur d'un doigt, vous répandez du sel en juste quantité; vous pliez le beurre en trois ou quatre, et le reprétrissez de cette façon, jusqu'à ce que le beurre soit bien mêlé avec le sel. Continuez de cette façon, deux livres par deux livres, jusqu'à la fin. Vous mettrez à mesure dans des pots de grés bien propres, et le presserez bien avec la main, pour qu'il ne reste point de vide. Les pots pleins, vous prenez du sel que vous faites fondre avec un peu d'eau, que vous mettez sur la superficie des pots; portez-les à la cave, et couvrez-les de même façon que ceux du beurre fondu.

DU FROMAGE.

La nomenclature des fromages est très-étendue : nous ne parlons que de ceux que l'on emploie assez souvent en cuisine et pour les desserts.

On a les fromages de chevrettes, qui sont faits avec du lait de chèvre mêlé d'un tiers de lait de vache : quand ils sont affinés, ils sont très-bons.

Les fromages de Brie, qui abondent partout : il y en a d'excellens.

Ceux de Bretagne, de Languedoc, de Hollande, de Gruyère, de Parmesan et de Roquefort.

Les fromages mous, nouvellement faits : ils se servent au gros sel.

Les petits fromages à la crème, qui se mangent avec du sucre, et qui se servent sur la table, au dessert. Il n'y a que le Parmesan et le Brie dont on se serve en cuisine.

DU PARMESAN.

Il sert à faire des entrées en gras et en maigre. A cet effet, on le râpe : la viande ou le poisson que vous destinez pour servir avec, doit être cuit à la braise ou en ragoût; la sauce et la viande doivent être moins salées qu'à l'ordinaire, à cause du Parmesan.

Ramequin.

Mettez une chopine de crème dans une casserole avec un quarteron de beurre, et lorsqu'elle commence à frémir, vous y ajoutez deux cuillerées de farine, et faites dessécher cette pâte jusqu'à ce qu'elle ne colle plus au doigt; vous la retirez du feu, et lui faites boire sept ou huit œufs, deux par deux; vous y incorporez une demi-livre de fromage de Gruyère coupé en petits dés et une pincée de mignonette. Couchez alors vos ramequins sur des feuilles, et après les avoir dorés avec de l'œuf, vous les faites cuire dans un four doux. Vous les retirez lorsqu'ils sont fermes et d'une belle couleur.

DU LAITAGE.

Rien ne demande plus de soin que le laitage, parce qu'il est susceptible de prendre un mauvais goût et que la moindre malpropreté peut le faire tourner.

C'est avec le lait que se font les crèmes qui se servent pour entremets.

DES CRÈMES.

Crèmes à l'italienne.

Faites bouillir dans une casserole trois demi-setiers de lait; mettez-y alors un peu d'écorce de citron vert, une pincée de coriandre, un petit morceau de cannelle, un peu plus d'un demi-quarteron de sucre, deux grains de sel; continuez de faire bouillir jusqu'à moitié réduction, et laissez un peu refroidir. Ayez dans une autre casserole une pincée de farine délayée avec six jaunes d'œufs : mettez-y votre crème peu à peu en la remuant à mesure; passez-la au tamis, et dressez-la sur le plat que vous devez servir; faites-la prendre au bain-marie, et avant de la servir, passez la pelle rouge par-dessus pour la colorer.

Crème au café blanc.

Prenez un quarteron de café, et faites-le roussir dans une poêle. Lorsqu'il est brun, vous le mettez dans une chopine de crème ou de lait bouillant; couvrez-le afin qu'il infuse. Si vous faites votre crème dans de petits pots, vous devez mettre un jaune d'œuf pour chacun, du sucre ou un grain de sel, selon le goût des personnes. Si vous la faites dans une casserôle d'entremets ou dans un plat creux, vous devez suivre ces proportions, et vous arranger de manière qu'il n'y ait jamais d'infusion du reste, afin que le goût du café ou de toute autre odeur soit plus fort. Vous faites prendre la crème au bain-marie, avec du feu dessus, et surtout vous prenez garde qu'elle ne bouille. Tous les appareils de crème doivent en général être passés à l'étamine.

Crème de chocolat.

Vous ratissez une demi-livre de chocolat, selon la quantité que vous voulez en faire, et le faites fondre sur un fourneau avec un demi-verre d'eau et de sucre; étant fondu vous le mêlez avec de la crème, un grain de sel et des jaunes d'œufs dans la même proportion que la précédente. Vous la faites prendre de même au bain-marie.

Crème au caramel.

Prenez une once de sucre, lequel vous écrasez bien fin; mettez-le dans un poêlon non étamé sans eau, et le faites fondre sur un fourneau; étant fondu, il est au cassé; vous devez attendre le moment où il est d'une couleur blonde un peu foncée; alors vous y jetez une pincée de fleur d'orange pralinée, que vous mouillez, et faites fondre avec une cuillerée d'eau; vous incorporez cela avec de la crème ou du lait, et le finissez comme la crème au café blanc.

Crème à la frangipane.

Mettez dans une casserole deux cuillerées de farine avec du citron vert râpé, de la fleur d'orange grillée et hachée, une petite pincée de sel; délayez le tout avec trois œufs, blancs et jaunes, une chopine de lait, un morceau de sucre; faites cuire votre crème en la tournant toujours sur le feu pendant une demi-heure; quand elle sera froide, elle vous servira pour faire des tourtes de frangipane ou des tartelettes. Vous n'avez plus qu'à la mettre sur une pâte de feuilletage, que vous glacez avec du sucre quand elle est cuite.

Crème à la vanille, à la fleur d'orange, au citron, au thé, etc.

Vous faites bouillir votre crème et la retirez du feu pour y mettre infuser, pendant une heure, une des odeurs ci-dessus : vous finissez ces crèmes absolument comme la crème au café.

Crême à l'anglaise.

Vous faites prendre, au bain-marie, une des crêmes ci-dessus, n'importe laquelle; lorsqu'elle est froide, vous la passez
à l'étamine, avec une cuillère de bois, et y incorporez une
once de colle de poisson fondue et clarifiée. Vous prenez un
moule d'entremets, dans lequel vous mettez cet appareil; lorsqu'il est froid, vous l'enterrez dans la glace, et au bout d'une
heure vous le renversez sur le plat que vous devez servir. Si
la crême ne se décolait point, vous tremperiez le moule dans
de l'eau chaude pendant deux ou trois secondes.

Crême blanche au naturel.

Prenez une pinte de lait ou chopine de crême et un morceau
de sucre que vous faites bouillir ensemble et réduire à un
tiers, et mettez refroidir jusqu'à ce que vous puissiez y souf-
frir le doigt sans vous brûler. Vous prenez ensuite un peu de
présure que vous délayez avec de l'eau dans une cuillère à
bouche; mêlez-la bien dans la crême, puis passez le tout dans
un tamis. Vous prenez le plat que vous devez servir, et le
mettez sur de la cendre chaude; vous versez votre crême dedans, et la couvrez d'un couvercle sur lequel vous mettez
aussi de la cendre chaude; laissez-le ainsi jusqu'à ce que la
crême soit prise, puis vous la porterez au frais pour la servir
froide.

Crême glacée.

Prenez une casserole où vous mettrez une petite poignée de
farine, du citron vert haché très-fin, une pincée de fleur
d'orange pralinée et pilée, un morceau de sucre; délayez le
tout avec huit jaunes d'œufs dont vous mettrez les blancs à
part dans une terrine bien propre, et délayez les jaunes avec
une chopine de crême, un demi-setier de lait. Faites cuire
cette crême sur le feu pendant une demi-heure; quand elle
est épaisse, vous la retirez du feu. Vous fouettez les blancs
avec un fouet; lorsqu'ils sont bien montés, vous les mêlez
dans la crême, et mettez cette crême dans le plat que vous devez servir; vous saupoudrez le dessus de sucre, afin que la
crême en soit bien couverte. Faites-la cuire au four (qu'il ne
soit pas trop chaud), ou sous un couvercle de tourtière. Quand
elle est bien montée et glacée, servez.

Crême fouettée.

Mettez dans une terrine de la crême avec une quantité pro-
portionnelle de sucre en poudre, et un peu de fleur d'orange
Fouettez le tout avec un baquet de brins d'osier sans écorce.

Quand ce mélange est bien renflé, vous le laissez un moment; vous l'enlevez ensuite avec une écumoire, et le dressez en pyramide sur votre plat. Ayez soin de garnir le tour de petits filets d'écorce de citron ou d'orange vertes confits, et servez.

DES BEIGNETS.

Les beignets se servent pour entremets. On en fait de plusieurs sortes, et l'art de les varier est presque infini; mais ceux qu'on admet le plus souvent sur les tables bien servies, sont ceux de pomme. Indépendamment de ceux-ci, nous allons indiquer quelques nouvelles recettes.

Beignets de pommes et de pêches.

Prenez des pommes de reinettes que vous coupez en quatre quartiers; ôtez la peau et les pépins; faites-les mariner deux ou trois heures avec de l'eau-de-vie, du sucre, de l'écorce de citron vert, de l'eau de fleur d'orange; quand elles ont bien pris goût, mettez-les égoutter. Vous faites une pâte composée de farine, d'eau tiède, très-peu de beurre fondu, du sel, deux jaunes d'œufs, et les blancs fouettés : qu'elle soit un peu épaisse, afin qu'elle enveloppe la pomme ou la pêche; vous trempez successivement chaque morceau dedans, et faites frire d'une belle couleur. Glacez avec du sucre et la pelle rouge.

Beignets d'oranges.

Prenez cinq oranges de Portugal; ôtez avec un petit couteau la superficie de l'écorce en les tournant, pour couper à mesure l'écorce de l'épaisseur d'une petite pièce; coupez les oranges par quartiers pour en ôter les pépins, et mettez-les cuire avec un peu de sucre. Faites une pâte avec du vin blanc, de la farine, une cuillerée de bonne huile, un peu de sel : délayez cette pâte; qu'elle ne soit ni trop claire ni trop épaisse; mais qu'elle file en la versant avec la cuillère; trempez vos quartiers d'orange dedans pour les faire cuire dans une friture, jusqu'à ce que la pâte soit de belle couleur : servez-les glacés de sucre fin avec la pelle rouge.

Beignets de pâte.

Mettez sur une table un demi-litron de farine, gros comme un œuf de beurre, une bonne pincée de sel, environ un demi-verre d'eau; pétrissez la pâte, ensuite vous l'abattez fort mince, et la coupez avec un coupe-pâte à petits pâtés; mettez sur chaque morceau un peu de crème de frangipane, et recouvrez-le avec un autre morceau de pâte ; mouillez les bords et collez-les ensemble en les pinçant tout autour ; faites frire d'une couleur dorée ; glacez-les dessus et dessous avec du sucre et la pelle rouge.

Beignets à la crême.

Mettez dans une casserole un demi-setier de crême, un demi-setier de lait, un peu de sel, une pincée de citron vert haché très-fin ; faites bouillir et réduire à moitié ; ensuite mettez-y trois grandes cuillerées de farine que vous délaierez sur le feu avec de la crême, et tournez-la jusqu'à ce qu'elle soit bien épaisse ; ôtez-la du feu pour la mettre sur la table ; abattez-la avec le rouleau, jusqu'à ce qu'elle soit mince comme un petit écu ; coupez-la en losange ; faites-la frire, et glacez avec du sucre et la pelle rouge.

Charlotte de pommes.

Coupez quinze pommes en quartiers, et ôtez-en la peau et les pépins. Vous coupez ensuite chaque quartier en lames et les mettez dans une casserole, avec un bon quarteron de beurre, une demi-livre de sucre en poudre et un peu de canelle. Vous faites cuire vos pommes sur un fourneau très-vif, en ayant soin qu'elles ne se mettent pas en marmelade d'abricots, et en ôtez la canelle. Vous coupez de la mie de pain en tranches très-minces. Vous avez un moule de cuivre uni, lequel vous garnissez de cette mie de pain trempée dans le beurre, et vous y versez ensuite vos pommes que vous couvrez encore de mie de pain. Vous faites cuire la charlotte dans la cendre chaude ou dans un four. Lorsque vous êtes persuadé qu'elle a une belle couleur, vous la renversez sur le plat que vous devez servir.

DE LA PATISSERIE.

Il est trois choses essentielles en pâtisserie :

1º C'est de bien s'attacher à faire la pâte comme nous l'indiquons ;

2º De savoir, pour la cuisson des viandes, combien il leur faudra de temps pour les faire cuire à la braise, et de ne jamais les laisser qu'une demi-heure de plus dans le four ;

3º De connaître le four dont on se sert, et de savoir le gouverner.

Pour les pièces qui sont longues à cuire, il faut faire chauffer le four long-temps ; on ne risque rien de le faire chauffer plus qu'il n'est nécessaire, pourvu qu'on le laisse abattre de sa chaleur, c'est-à-dire qu'on n'enfourne qu'une demi-heure après que le four aura été nettoyé et la porte fermée : par ce moyen, on ne risque pas de brûler sa pâtisserie. Pour les pièces qui ne sont pas longues à cuire, on aura soin de ne pas tenir le four si chaud, principalement pour la pâtisserie de feuilletage, qui cuirait trop promptement et n'aurait pas le temps de monter.

Pâte brisée pour les tourtes.

Sur un quart de farine, on met cinq quarterons de bon beurre, environ une once de sel. On met sa farine sur une table bien propre ; on fait un trou dans le milieu pour y mettre le sel, le beurre en petits morceaux, et de l'eau avec prudence ; on manie bien le beurre avec l'eau, petit à petit avec de la farine ; quand la farine a bu toute l'eau, on pétrit à force de bras ; la pâte ne saurait être trop épaisse, pourvu qu'elle soit bien liée : on aura soin de faire cette pâte au moins deux heures avant de s'en servir, pour qu'elle ait le temps de revenir. C'est avec cette pâte qu'on fait toutes sortes de tourtes pour entrées, comme de viande de boucherie, gibier, volaille, poissons.

Tourtes de volaille.

Les tourtes que l'on peut faire de différentes façons, en volaille, sont d'une poularde coupée en quatre, de petits pigeons entiers ou coupés en deux, quand ils sont gros, d'ailerons de dindon. On prend ce qu'on juge à propos, qu'on fait blanchir et qu'on passe au beurre avec de fines herbes assaisonnées de bon goût et un bouquet garni. On met sur sa tourtière un morceau de pâte de l'épaisseur d'un écu, qu'on aura battue avec un rouleau ; on place dessus la pâte la viande qu'on a préparée et froide, et dans tous les vides des boulettes de godiveau ; on couvre la viande avec des bardes de lard ; on met dessus la viande une pareille abaisse qu'on a mise dessous ; on mouille avec de l'eau et un doroir les deux endroits qui doivent se toucher, et on les pince tout autour pour qu'ils se collent ensemble ; on fait ensuite un bord en tournant autour avec le pouce ; on prend un œuf que l'on bat, blanc et jaune, et, avec le doroir ou une plume, on en frotte tout le dessus de la tourte. On les fait cuire au four. Un quart-d'heure après qu'une tourte est au four, il faut l'en sortir et faire un trou au milieu pour laisser évaporer la fumée, qui la ferait fuir ; on la remet tout de suite dans le four. Quand elle est cuite, on ôte le dessus, en la coupant tout autour proche le bord ; on ôte la graisse qui est dans la tourte, ainsi que les bardes de lard, et on verse à la place une sauce d'un bon goût que l'on

7

lient à cet effet toute prête dans une casserole. Si on a un ragoût de ris de veau et de champignons, fini de bon goût, on
l'y mettra au lieu de sauce ; la tourte n'en sera que meilleure,
ensuite on la recouvre avec son dessus, et on sert. Voilà la
façon qu'on observera pour toutes sortes de tourtes, soit en
gras, soit en maigre ; il n'y aura que les viandes qui seront
dedans, leur assaisonnement, le temps de leur cuisson et les
sauces différentes, qui en feront le changement : pour ce qui
regarde la pâte, c'est toujours la même répétition.

Tourtes de gibier.

Le lapin : il faut le couper par membres, lui casser un peu
les os avec le dos du couperet. Si on veut faire une tourte de
lièvre, on en ôte tous les os et on n'y met que la chair : les os
vous serviront pour faire un civet.

La bécasse : pour faire une tourte, on en prend deux qu'on
coupe chacune en quatre ; on hache le dedans et on l'incorpore
dans le godiveau ou farce qu'on lui destine.

Les alouettes : il faut leur ôter les pattes, le cou, et les
vider ; on fait du dedans une farce comme de la bécasse.

Après avoir observé pour tous ces gibiers ce que je viens
de dire de chacun en particulier, ce qui reste à faire pour
toutes les tourtes se trouve à toutes égal. On les met dans la
tourtière avec un bouquet de fines herbes, sel, fines épices,
bardes de lard et beurre : on met dessus une abaisse de pâte
pour la finir comme les autres. Quand elles sont cuites et dégraissées, on met dedans une bonne sauce faite avec un bon
coulis : en servant on presse dans la sauce le jus de deux oranges ; si on a à la place de la sauce un bon ragoût, soit de ris
de veau et de champignons, ou ragoût de truffes coupées par
tranches, la tourte n'en sera que meilleure et plus estimée :
on y mettra toujours en servant le jus d'un citron, par rap-
port au gibier, qui veut avoir un peu de piquant.

Tourtes de toutes sortes de farces.

On prend de telle sorte de viande qu'on jugera à propos,
comme rouelle de veau, gibier ou volaille : qu'il n'y ait point
de petits os ni de filandres, qu'on aura soin d'ôter : il ne faut
que d'une viande à la fois ; une bonne demi-livre ou trois
quarterons suffisent : il faut la hacher avec des couteaux à
hacher, et mettre avec autant de bonne graisse de bœuf, persil, ciboule et champignons, le tout haché très-fin ; on assaisonne de sel fin, un peu d'épices mêlées. Quand le tout est
bien mêlé, on y met deux œufs entiers et on le pile dans un
mortier, en y mettant de temps en temps quelques gouttes
d'eau. On fonce sa tourtière d'une abaisse de pâte, et on la

garnit avec des boulettes de cette farce, lesquelles on roule
sur une table avec un peu de farine ; on couvre de bardes de
lard, et ensuite de pâte, comme les précédentes ; on y met de
même un bon coulis ou un ragoût de crêtes, de champignons,
de ris de veau, etc.

Tourtes de godiveau.

On passe sur le feu avec du bon beurre de la rouelle de
veau coupée en dés ; après on la hache avec de la graisse de
bœuf ; on y met persil, ciboule, champignons, de la mie de
pain desséchée avec de la crème, du sel, du gros poivre ; on
pile la farce et on la lie de jaunes d'œufs. On roule la farce en
saucisses ; on la met dans la tourte avec des ris de veau,
champignons, truffes, si l'on veut, foies gras : on couvre de
bardes et de beurre ; en servant, les bardes ôtées, la tourte dégraissée, on y met une bonne sauce.

Tourtes de toutes sortes de poissons en gras.

On prépare le poisson et on le coupe suivant ce qu'il est ;
on l'arrange sur du lard râpé, et on suit le procédé pour la
tourte de langue de bœuf. Lorsque le tout est cuit, on met la
sauce ou le ragoût que l'on veut.

Tourtes maigres en poissons.

Prenez tel poisson que vous jugerez à propos ; après l'avoir
écaillé et coupé par tronçons, foncez une tourtière avec la
même pâte, comme il est dit aux autres ; mettez dessus le
poisson avec un bouquet de fines herbes, sel fin, fines épices, et couvrez tout le poisson avec du beurre ; mettez après
votre abaisse de pâte ; finissez la tourte comme il est expliqué
pour les précédentes : une heure et demie suffit pour la cuisson d'une tourte de poisson. Quand elles sont cuites et dégraissées comme les autres, vous mettez dedans un ragoût de laitances.

Tourte à la Chantilly.

Votre crème double fouettée et mêlée avec du sucre fin, du
citron râpé, de la fleur d'orange, vous la faites prendre à la
glace, pour la servir sur une abaisse de pâte d'amandes que
vous faites de la manière suivante : Sur une livre d'amandes
douces pilées fin, que l'on met dans une poêle sur un feu
très-doux, on jette trois quarterons de sucre en poudre, que
l'on remue avec, jusqu'à ce que la pâte ne colle presque plus
au doigt ; on l'abat doucement avec le rouleau sur du papier,
en y jetant légèrement du sucre mêlé de farine.

7.

Pâte pour les timbales.

Pour faire toutes sortes de timbales, on fait une pâte de cette façon. On met sur une table un litron de farine; on fait un trou dans le milieu pour y mettre un peu d'eau, trois quarterons de beurre, deux jaunes d'œufs et une pincée de sel; on pétrit cette pâte : qu'elle ne soit pas trop ferme, et on la fraise trois fois.

Farce pour toutes sortes de pâtés et timbales.

On a une livre de rouelle de veau, on en ôte les filandres; on la hache avec les couteaux, et on y met deux livres de gras lard épluché, une demi-livre de jambon cuit, sel, poivre, épices et aromates pulvérisés; lorsqu'elle est bien mêlée et bien hachée comme de la chair à saucisse, on la met sur un plat, et on s'en sert à propos.

Manière de faire une timbale.

Prenez de la pâte ci-dessus que vous abattrez avec un rouleau, de l'épaisseur d'un petit écu, beurrez tout l'intérieur d'une petite casserole, et étendez dans le fond et autour votre pâte pour qu'elle prenne bien la forme de la casserole, en ayant l'attention de ne pas la percer, mettez dessus tel ragoût de viande ou de poissons que vous voudrez, pourvu qu'il soit cuit, refroidi et à courte sauce (vous pouvez même déguiser de cette façon toutes sortes de ragoûts qui ont déjà été servis) : couvrez la viande de même pâte, de manière que celle de dessus se rejoigne à celle de dessous; mouillez-en les bords et pincez-les tout autour pour les coller ensemble, comme on fait aux tourtes, faites cuire au four ou à la braise : si c'est de la dernière manière, vous enterrez la casserole dans les cendres chaudes, du feu sur son couvercle. Quand la pâte de votre timbale est cuite, vous la renversez doucement sens dessus dessous dans le plat que vous devez servir; vous faites un trou dans le milieu, de façon à pouvoir remettre le morceau de pâte que vous ôtez, sans qu'il y paraisse, et vous versez dans la timbale une sauce telle que vous jugerez à propos, selon la viande que vous aurez mise dedans.

Pâte brisée pour les pâtés froids.

Vous ferez plus ou moins de pâte, suivant ce que vous aurez besoin. Voici sur quoi vous vous réglerez : Prenez un demi-boisseau de farine, deux livres de beurre, un demi-quarteron de sel; mettez cette farine sur la table; faites un trou dans le milieu, pour y mettre le sel fin et le beurre; vous prenez ensuite de l'eau presque bouillante, que vous mettez sur le beurre, et le maniez avec les mains dans cette eau jusqu'à ce qu'il soit tout-à-fait fondu ; vous mêlez ensuite la farine et la pétrissez à tour de bras jusqu'à ce qu'elle soit bien liée ; plus la pâte est ferme, mieux elle est faite, pourvu qu'elle soit bien liée ; vous laissez reposer cette pâte pendant trois heures avant que de vous en servir, et dressez avec tel pâté de viande que vous jugerez à propos.

Manière de faire des pâtés de toutes viandes.

Les rouelles de veau, les gigots de mouton, les perdrix, les bécasses, les filets de lièvre, les poulardes, les chapons, les dindons désossés, garnis de veau, font d'excellens pâtés.

Dans tous les pâtés, qu'elle qu'en soit la viande, si on veut les garnir de rouelle de veau, ils n'en seront que meilleurs.

Lorsque les perdrix, bécasses, chapons, poulardes, sont vidés, on leur trousse les pattes dans le corps, et on leur casse un peu les os avec le dos du couperet ; on les fait revenir sur la braise après les avoir essuyés et épluchés ; ensuite on les larde partout avec du gros lard manié dans du sel fin, fines épices mêlées, persil et ciboules hachés. On fait la même chose pour le veau et le mouton, à la réserve qu'on ne les fait point revenir sur la braise. Quand la viande est bien préparée, on coupe suffisamment de bardes de lard pour couvrir toute sa viande

On prend moitié de la pâte nécessaire pour son pâté, que l'on arrondit avec les mains en la roulant sur la table. C'est ce qu'on appelle mouler la pâte. On l'abat ensuite avec le rouleau, jusqu'à ce qu'elle soit de l'épaisseur d'un demi-doigt ; on met cette pâte sur une feuille de papier beurrée, et dessus la pâte la viande bien serrée, que l'on assaisonne de sel fin et de fines épices, et que l'on couvre de bardes de lard avec beaucoup de beurre par-dessus ; on couronne la viande avec une abaisse de pâte aussi épaisse que celle de dessous : on mouille avec un doroir les parties de la pâte qui doivent se rejoindre, afin qu'elles se colent ensemble, on appuie partout les doigts pour les unir ; on reprend après le doroir, que l'on trempe dans l'eau pour mouiller tout le dessus du pâté ; on relève ensuite la pâte qui déborde pour la faire monter le long du pâté ; on l'unit promptement sans trop appuyer, de crainte de percer la pâte.

Quand le pâté est bien façonné, on fait un trou au milieu du dessus, de la largeur du pouce ; on fait une cheminée de pâte où on met une carte roulée, de peur que le trou ne se referme en cuisant ; on dore ensuite partout la pâte par deux fois, avec un œuf battu, blanc et jaune, pour l'enjoliver : un moment avant que de le mettre au four, on mettra par la cheminée du pâté deux cuillerées d'eau-de-vie, cela lui donnera un bon goût.

Il faut laisser le pâté au four, au moins quatre heures, ce que l'on juge au reste d'après sa grosseur. Quand il est cuit, on le met dans un endroit pour le faire refroidir, et on bouche sa cheminée avec un morceau de pâte crue, jusqu'à ce qu'on le serve.

De la pâte feuilletée.

Prenez un litron de farine, mettez-le sur la table avec un peu de sel et d'eau, ce que la farine en peut boire; pétrissez un moment la farine avec l'eau; que cette pâte ne soit ni trop molle, ni trop épaisse, laissez-la reposer avant que de vous en servir; vous prenez ensuite presque autant de beurre que de pâte, puis abattez la pâte avec le rouleau, mettez le beurre dans le milieu, et donnez cinq tours en été et six en hiver : on appelle tour la pâte abattue avec le rouleau, jusqu'à ce qu'elle soit de l'épaisseur d'un demi-doigt, en jetant, de temps en temps, et légèrement un peu de farine. Quand chaque tour est fini, vous repliez la pâte en trois et recommencez chaque tour jusqu'à finissement. Vous vous servez de cette pâte pour faire toutes sortes de tourtes, des petits pâtés et des gâteaux feuilletés,

Gâteau à la royale.

On met dans une casserole une pincée de citron vert haché, deux onces de sucre, un peu de sel gros, gros comme la moitié d'un œuf de beurre, un bon verre d'eau; on fait bouillir un moment, et on y ajoute quatre ou cinq cuillerées de farine; on fait dessécher sur le feu, et remuant toujours, jusqu'à ce que la pâte soit bien épaisse, et qu'elle commence à s'attacher à la casserole : on l'ôte du feu, et on y met un œuf à la fois, en remuant fort avec la cuillère, jusqu'à ce qu'il soit bien mêlé avec la pâte : on continue d'y mettre des œufs un à un de cette façon, jusqu'à ce que la pâte soit molle, sans être liquide : ensuite on mettra un peu de fleur d'orange pralinée et deux bisquits d'amandes amères, le tout pilé bien fin : on dresse les petits gâteaux de la grosseur de la moitié d'un œuf sur du papier beurré : on dore le dessus avec de l'œuf battu, et on fait cuire une demi-heure au four d'une chaleur douce.

Gâteau de brioche.

On met un litron de farine sur une table, et on la pétrit avec un peu d'eau chaude et un peu plus de demi-once de levure de bierre : si l'on n'en a point, on y met à la place un petit morceau de levure de pain : on enveloppe cette pâte dans un linge, et on la met revenir dans un endroit chaud pendant un quart d'heure l'été, et une heure en hiver : ensuite on met deux litrons de farine sur une table, avec la pâte que l'on a faite en levain, une livre et demie de beurre, dix œufs, un demi-verre d'eau, près d'une once de sel fin ; on pétrit le tout ensemble avec le plat des mains, jusqu'à trois fois : on le saupoudre de farine, et on l'enveloppe d'une nappe pour le laisser revenir neuf ou dix heures : on coupe cette pâte, suivant la grosseur des gâteaux de brioche que l'on veut faire ; on les mouille en les arrondissant avec les mains : on aplatit un peu le dessus : on dore avec de l'œuf battu, et on les met cuire au four ; les petits une demi-heure, et les gros une heure et demie.

Gâteau de riz.

On met dans une petite marmite un peu plus d'un quarteron de riz bien lavé : on le fait crever sur le feu avec un verre d'eau, et ensuite de bon lait, jusqu'à ce qu'il soit bien cuit et épais : on le laisse refroidir : on fait une pâte avec un litron de farine, de sel, quatre œufs, une demi-livre de beurre et de riz : on pétrit le tout ensemble et on en forme un gâteau, on le dore avec de l'œuf battu, et on le fait cuire au four pendant une heure, ou dessous un couvercle de tourtière : on a soin de beurrer le papier qu'on met dessous le gâteau.

Tartelettes.

On fait une pâte à feuilletage comme il est marqué ci-devant : on l'abat de l'épaisseur d'un petit écu, et on en coupe de petites abaisses avec un coupe-pâte : on les met sur des moules à petits pâtés, et sur la pâte une petite cuillerée de crème de frangipane, comme celle qui est marquée ci-devant, ou bien des confitures telles qu'on voudra, pourvu que ce ne soit pas de la gelée : on couvre avec quelques bandes de pâte : on fait cuire une demi-heure au four, et on glace avec du sucre et la pelle rouge.

Darioles.

Prenez douze moules à darioles, beurrez-les et foncez-les avec du feuilletage le plus mince possible. Vous faites l'appareil de la manière suivante : Mettez dans une casserole la grosseur d'un œuf de farine, que vous délayez avec cinq jaunes d'œufs, six mesures de crème, pareilles aux moules que vous avez garnis de pâte, un peu de sel, six onces de sucre, fleur d'orange pralinée et macaron écrasé. Mettez dans chaque moule gros comme une noisette de beurre et de l'appareil ainsi composé : prenez bien garde qu'ils ne soient trop pleins, cela ferait un très-mauvais effet : mettez-les à peu près aux trois quarts. Faites cuire vos darioles dans un four d'une moyenne chaleur, et, au bout d'une demi-heure, lorsque vous jugerez qu'elles peuvent être cuites, vous les retirerez du moule et les mettrez sur le plat que vous devez servir : saupoudrez-les de sucre.

Timbales de biscuits.

Prenez six œufs et autant pesant de sucre fin, et la pesanteur de trois œufs de farine, ce qui vous fournira pour faire six timbales de la grosseur d'un bon verre chacune, qui vous feront un bon plat d'entremets : pour les faire, vous observerez la même façon que pour le gâteau de Savoie, à cette différence qu'il ne faut qu'une demi-heure pour la cuisson et le four un peu plus doux.

Croquantes.

Mettez sur une table un demi-litron de farine avec un quarteron de sucre fin, un blanc d'œuf, une demi-cuillerée d'eau de fleur d'orange, gros comme la moitié d'un œuf de beurre ; un demi-verre d'eau, une petite pincée de sel . pétrissez le tout ensemble pour en faire une pâte bien liée et ferme ; abattez-la très-mince et coupez-en de petites abaisses que vous mettez sur des moules à petits pâtés : faites-les cuire un quart d'heure dans un four très-doux ; quand elles sont froides, vous mettez légèrement dessus de la gelée de groseille ou d'autres confitures. Cette même pâte sert pour faire des croquantes découpées, à cette différence que vous y mettez plus de blanc d'œuf et moins d'eau.

Feuillantines.

On fait une pâte à feuilletage comme il est marqué ci-devant : on abat une abaisse de la grandeur d'une tourte et de l'épaisseur d'un petit écu : on la met sur une tourtière et de la crème à frangipane dessus : on la couvre d'une autre abaisse découpée et à jour : on les colle ensemble en appuyant sur les bords que l'on dore avec un œuf battu, et on fait cuire au four pendant une heure. On en fait de petites, un peu plus grandes que des tartelettes, de la même façon.

Gâteau à la Brie.

On pétrit du fromage de Brie bien gras, avec un litron et demi de farine, trois quarterons de beurre, très-peu de sel : on met cinq ou six œufs pour délayer la pâte : quand elle est bien pétrie, on la mouille pour la laisser reposer une heure ; ensuite on forme le gâteau à l'ordinaire pour le faire cuire.

Talmouses.

Vous mettez dans une casserole un poisson de crême, un demi-quarteron de beurre, un peu de sel ; quand la crême bout, ajoutez-y deux cuillerées de farine que vous délayez bien, jusqu'à ce que votre pâte soit ferme ; ôtez-la de dessus le feu et délayez dans autant d'œufs que la pâte en peut boire sans être liquide ; vous y mettrez ensuite un fromage à la crême bien égoutté et fait du jour, que vous délayez avec votre pâte : vous prenez ensuite des moules à petits pâtés, et y mettez une abaisse de feuilletage de la même pâte que celle à petits pâtés, de façon qu'elle déborde en quatre coins ; vous coucherez dessus votre pâte à fromage de la grosseur d'un petit œuf, et l'envelopperez avec les quatre coins du feuilletage ; dorez avec l'œuf battu ; faites cuire au four et à feu doux ; quand les talmouses sont cuites et de belle couleur, servez chaudement pour entremets.

Meringues.

On prend six blancs d'œufs, trois onces de sucre en poudre et la râpure d'un citron ; on fouette les blancs d'œufs jusqu'à ce qu'ils soient en neige ; on y ajoute le sucre et la râpure du citron, et on remue le mélange jusqu'à ce qu'il soit entièrement liquide ; on met de cette pâte sur des feuilles de papier, en forme de meringues, rondes ou ovales, de la grosseur d'une noix ; on laisse au milieu un vide, on les saupoudre et on les fait cuire ; lorsqu'elles ont pris de la couleur, on les retire du four, pour mettre dans le milieu un fruit, comme cerise, framboise, verjus, etc., et on couvre la meringue pleine avec une autre.

Tourtes à la gelée.

Les tourtes à la gelée se font différemment que celles aux confitures, parce que la chaleur faisant fondre la gelée, les tourtes auraient fort mauvaise façon. Pour éviter cet inconvénient, on met de la pâte feuilletée dans le fond d'une tourtière ; on y fait un bord de pâte comme aux autres, et on la place au four sans aucune façon ; quand la pâte est cuite, on saupoudre les bords de sucre fin et on glace avec la pelle

7..

rouge. Aussitôt que la tourte est refroidie, on en couvre tout le fond jusqu'au bord avec la gelée qu'on a envie d'y mettre. On sert ces tourtes pour entremets.

Les gelées dont on peut se servir sont celles de groseilles, de framboises, de pommes, de coings, de cerises.

FRANGIPANE.

Mettez dans une casserole un demi-litron de fine fleur de farine, délayez-la avec un demi-quarteron d'œufs, versez-y une pinte de lait, un demi-quarteron de beurre et un peu de sel ; mettez ce mélange sur le feu, tournez la frangipane sans cesse, jusqu'à ce qu'elle ait bouilli un petit quart d'heure : ayez soin qu'elle ne s'attache pas. Quand vous jugerez qu'elle est assez cuite, vous la mettrez refroidir. Ecrasez une dizaine d'amandes douces, deux amandes amères et trois ou quatre macarons : ajoutez-y un peu de fleur d'orange pulvérisée et sucrez bien avec du sucre en poudre ; remuez ce mélange avec une cuillère de bois ; ensuite vous faites votre frangipane plus ou moins épaisse selon la quantité d'œufs qu'il vous convient d'y ajouter.

Quand on veut faire de la frangipane aux pistaches, on remplace les amandes douces par des pistaches auxquelles on joint quelques amandes amères, et on s'abstient d'y mettre de la fleur d'orange.

Si l on veut lui donner une belle couleur verte, on y mêle un peu de vert d'épinards.

DE L'OFFICE.

Choix du sucre.

Il faut choisir, pour le sucre qu'on veut employer, parmi le plus beau et le plus blanc, et avoir soin de le prendre dur, léger et d'une douceur agréable ; il en est moins difficile à clarifier. La cassonnade revient aussi cher que le sucre par le déchet qu'elle occasione ; la crasse qui s'y trouve en plus grande abondance, exigeant de la mouiller davantage pour la bien clarifier.

De la clarification et de la cuisson du sucre.

On observe d'abord, comme règle générale, qu'il faut environ une demi-bouteille d'eau de fontaine ou de rivière et environ le quart d'un blanc d'œuf bien battu pour chaque livre de sucre qu'on se propose de clarifier. Pour mieux nous faire entendre, nous allons établir une dose fixe de sucre, et suivre le procédé dans toutes ses parties.

Clarification du sucre.

Commencez par prendre quatre livres de sucre que vous casserez par morceaux ; prenez ensuite une poêle à confitures dans laquelle vous mettrez un blanc d'œuf; délayez ce blanc d'œuf avec un verre d'eau, ayant soin de bien fouetter le mélange avec un petit balai d'osier ou de bouleau ; ajoutez peu à peu deux bouteilles d'eau, en fouettant bien le tout, chaque fois que vous mettez de l'eau. Quand vous aurez achevé de bien incorporer la totalité de votre eau avec le blanc d'œuf, et que tout le mélange sera bien en mousse, vous y jetterez vos quatre livres de sucre, et vous mettrez votre poêle sur le feu, en ayant soin de lever l'écume qui ne manquera pas de paraître lorsqu'il viendra à bouillir. Après quelques bouillons, le sucre s'élèvera au point de dépasser les bords de la poêle : pour empêcher qu'il ne se répande au dehors il faudra l'abattre en y versant un peu d'eau froide, ce qui vous donnera le temps de l'écumer. Il ne faut jamais prendre l'écume quand le sucre bouillonne; il faut attendre qu'il monte, l'abattre alors avec un verre d'eau, cela le tranquillisera, et c'est dans ce moment qu'il faut l'écumer. Continuez toujours à ajouter trois ou quatre fois de l'eau et à l'écumer, jusqu'à ce qu'ils ne fassent plus qu'une petite écume légère et blanchâtre ; retirez alors la poêle du feu, prenez une serviette que vous mouillerez légèrement ; vous l'étendrez sur une terrine bien propre, et vous passerez le sucre qui se trouvera parfaitement clarifié.

Cuisson du sucre.

Après la clarification du sucre, il faudra lui donner le degré de cuisson relatif à l'objet que vous vous proposez. Les artistes en ont établi six par lesquels ils règlent toutes leurs opérations. Quand ils veulent exprimer ces différens degrés de cuisson, ils disent cuire le sucre *au lissé, au perlé, au soufflé, à la plume, au cassé, au caramel.*

Sucre au lissé.

On connaît que le sucre est au lissé, lorsqu'après en avoir reçu une goutte sur le pouce, et y avoir joint le doigt index, on le sépare tout-à-coup; s'il fait un petit filet d'un doigt à l'autre, qui se rompt sur-le-champ, vous pouvez être sûr que votre sucre est bien lissé : si le filet est presque imperceptible, le sucre n'est cuit qu'au *petit lissé.* Il ne faut pas s'aviser, pour faire cette épreuve, de tremper son doigt dans le sucre bouillant, il suffira de tremper l'écumoir dans la poêle ; en l'élevant au-dessus vous recevrez la goutte du sucre qui coulera du bord sur votre pouce, qui suffit pour faire cet essai

Sucre au perlé.

Votre sucre ayant jeté quelques bouillons de plus, vous réitérez le même essai : si, en séparant vos deux doigts, le filet qui se forme s'étend un peu sans se rompre, le sucre est censé cuit au *petit perlé*, et on appelle *grand perlé*, et on appelle *grand perlé* le sucre cuit au point de pouvoir s'étendre entièrement sans se rompre, quoique les deux doigts soient séparés l'un de l'autre autant qu'ils peuvent l'être. On connaît encore ce degré de cuisson à la figure du bouillon : il forme alors plusieurs perles rondes qui paraissent rouler les unes sur les autres.

Sucre au soufflé.

Après quelques bouillons encore, trempez votre écumoire dans le sucre ; ensuite, en la prenant à la main, et l'ayant un peu déchargée, en frappant sur le bord de la poêle, soufflez à travers des trous, en allant et venant d'un côté à l'autre ; s'il en sort comme une sorte de bouteille, votre sucre sera au degré que l'on nomme au *soufflé*.

Sucre à la plume.

Si vous laissez cuire votre sucre jusqu'à ce que vous aperceviez, au lieu des perles dont nous avons parlé plus haut, des espèces de bouteilles, qui, après s'être élevées, crèvent tout de suite, et laissent échapper beaucoup de fumée, vous pouvez établir que votre sucre est bien près d'être *à la plume*. Passez alors votre écumoire par le milieu de la poêle : retirez-la, en la secouant fortement en l'air, vous apercevrez votre sucre sous la forme de filasse volante ; il sera pour lors *à la grande plume*.

Sucre au cassé.

Pour connaître si votre sucre est au cassé, il faut prendre un verre plein d'eau fraîche : vous y tremperez le bout de votre doigt que vous plongerez dans le sucre bouillant : vous aurez soin de le retirer bien vite, pour le plonger dans un verre d'eau froide ; si pour lors, en froissant le sucre entre vos doigts, le sucre adhérent se casse en faisant un petit bruit, il sera *au cassé*.

Sucre au caramel.

Le sucre cuit au cassé s'attache toujours comme de la poix lorsqu'on en met entre les dents : pour être au degré qu'on nomme *caramel*, il faut qu'il se casse net sous la dent, sans s'y attacher. Ce degré n'est pas facile à saisir : car, pour peu que vous manquiez le point requis, votre sucre est sujet à se brûler, et n'est plus bon à rien. Il faudra donc être attentif et répéter souvent l'essai sous la dent; dès que le sucre commencera à ne plus s'attacher, il sera *au caramel*.

Observation sur la cuisson du sucre.

Il est essentiel d'observer qu'il ne faut jamais laisser l'écumoire dans la poêle au sucre après la clarification ni après que toute l'écume sera prise, et de ne pas remuer le sucre, parce qu'il mourrait, c'est-à-dire qu'il diminuerait sensiblement. Il faut encore remarquer que le sucre que l'on cuit, surtout au *cassé* et au *caramel*, monte et remonte toujours, et que, chaque fois qu'il redescend, il laisse sa trace sur les bords de la poêle. Or la chaleur ferait bientôt brûler le sucre adhérent aux côtés et aux bords de la poêle, et par-là gâterait toute la masse du sucre, au point de n'être plus bon à rien, si l'on y apportait remède. Pour éviter cet accident, il faudra donc avoir à côté de vous une terrine remplie d'eau froide, avec une éponge, et laver très-promptement, chaque fois que le sucre sera tombé, les côtés intérieurs de la poêle.

Votre sucre préparé de l'une des manières ci-dessus indiquées, vous vous en servez pour les choses que vous voulez faire.

DES COMPOTES.

Compotes de pommes en gelée.

Prenez de belles pommes de reinette, coupez-les en deux, pelez-les, et ôtez-en les cœurs, jetez-les à mesure dans l'eau fraîche : coupez-en une couple par petits morceaux : mettez-les toutes dans du sucre clarifié, avec un verre d'eau : lorsqu'elles seront cuites, dressez-les dans un compotier : laissez réduire le sirop en gelée : passez cette gelée dans une étamine sur une assiette d'argent : laissez-la refroidir et prendre : lorsqu'elle sera prise, vous glisserez soigneusement votre gelée sur votre compote.

Compote de pommes à la portugaise.

Prenez des pommes, coupez-les en deux, pelez-les et ôtez-en les cœurs : mettez-en dans un compotier d'argent, garni dans le fond de sucre clarifié : couvrez votre fruit de sucre en poudre : faites cuire cette compote au four, et quand elle aura une belle couleur, servez-la toute chaude.

Compote de pommes avec la peau.

Prenez de belles pommes de reinette, coupez-les en deux, ôtez-en le cœur et les yeux; mettez-les à mesure dans l'eau fraîche, en piquant la peau avec la pointe d'un couteau : retirez-les de l'eau : mettez-les dans une poêle avec du sucre clarifié : faites-les cuire à petit feu, jusqu'à ce qu'elles soient bien mollettes : et dressez les dans des compotiers : versez le sirop sur le fruit en le passant à travers un tamis.

Compote de poires à la bonne femme.

On prend ordinairement des poires de messire-Jean pour faire cette compote. On nettoie la queue et on leur ôte l'œil ; on les lave bien et on les fait égoutter : ensuite on les met dans une poêle avec du sucre, un morceau de cannelle, deux ou trois clous de girofle, du vin rouge et un peu d'eau : on les laisse cuire à petit feu, en ayant soin de les écumer : quand elles sont cuites, elles se rident, et c'est ce qui les a fait nommer *poires à la bonne femme.*

On fait encore avec les poires de messire-Jean une compote qui a la couleur rouge. On les pèle et on les met dans un pot bien vernissé, avec un verre de vin, un peu de cannelle, du sucre convenablement, et un peu d'eau : on met dans le pot une cuillère d'étain : on bouche bien le pot, et on le met cuire doucement sur de la cendre chaude ; étant cuites, elles sont du plus beau rouge.

Les poires de martin-sec peuvent remplacer celles de messire-Jean.

Compote de poires de bon-chrétien.

Prenez de belles poires de bon-chrétien, coupez-les en deux, et mettez-les blanchir dans l'eau bouillante : quand elles seront mollettes, vous les retirerez dans de l'eau fraîche, dans laquelle vous aurez mis le jus d'un citron : faites bouillir du sucre clarifié ; mettez-y les poires bien égouttées, et faites-leur jeter plusieurs bouillons, jusqu'à ce qu'elles soient bien cuites : écumez-les, et dressez-les dans des compotiers.

Si vous voulez qu'elles soient rouges, mettez-y un peu de vin de Bourgogne et de la cochenille préparée.

Les poires de doyonné, de virgouleuse, de saint-germain et autres se mettent en compote de même façon.

Compote de poires d'été.

Piquez à l'œil des poires de rousselet, blanquette, etc. : faites-les blanchir jusqu'à ce qu'elles deviennent un peu mollettes : mettez-les dans de l'eau fraîche : pelez-les et remettez-les à mesure dans de l'eau fraîche : égouttez-les. Faites cuire au lissé du sucre clarifié, ajoutez-y un peu de zeste d'orange ou de citron : faites-y frémir les poires pour leur laisser jeter l'eau qu'elles renferment : écumez-les promptement, attendez qu'elles soient cuites pour les ôter du feu : quand elles seront refroidies, vous les dresserez dans les compotiers.

Compote de poires ou de pêches grillées.

Jetez des poires de bon-chrétien sur un fourneau bien ardent, faites-en griller la peau : lorsqu'elle sara grillée, jetez-les dans de l'eau fraîche, nettoyez-les bien, mettez-les dans une poêle avec du sucre clarifié, un peu d'eau et un peu de cannelle, et laissez-les cuire : ensuite dressez-les dans un compotier.

Les pêches qui ne sont pas mûres se font cuire de même.

Compotes de verjus.

Prenez au verjus le plus gros et le plus beau : fendez-le de côté, ôtez-en les pépins avec le bec d'une plume, et mettez-le à mesure dans de l'eau fraîche. Faites bouillir de l'eau dans une poêle, et, après avoir égoutté le verjus, vous le jetterez dans de l'eau bouillante : quand il sera monté sur l'eau, vous l'ôterez de dessus le feu, vous le couvrirez, et le laisserez refroidir. Mettez-le égoutter : mêlez-le dans du sucre clarifié : faites-lui jeter un ou deux bouillons : ôtez-le de dessus le feu, écumez-le, et dressez-le dans des compotiers.

Compote de cerises.

Prenez de belles cerises, coupez-leur la moitié de la queue, jetez-les dans de l'eau fraîche, égouttez-les, et faites cuire du sucre clarifié au perlé : mettez-y vos cerises, et faites-leur jeter cinq ou six bouillons à grand feu pour leur conserver la couleur. Otez-les du feu, remuez-les avec la poêle, écumez-les, laissez-les refroidir, et dressez-les dans des compotiers.

Compote de framboise.

Prenez de belles framboises, bien entières, épluchez-les bien, et mettez-les dans de l'eau fraîche : faites cuire du sucre clarifié à la plume : jetez-y les framboises bien égouttées : ôtez la poêle de dessus le feu, et laissez-les reposer. Peu de temps après vous remuez doucement les framboises : vous leur faites jeter un petit bouillon, et les mettez dans les compotiers.

Compotes de groseilles rouges et blanches.

Prenez de belles groseilles, égrenez-les et mettez-les dans de l'eau fraîche : égouttez-les sur un tamis, et finissez-les de la même manière que les framboises.

Compote de fraises.

Prenez de belles fraises, bien épluchées et bien lavées, mettez-les dans un compotier, et jetez par-dessus une gelée de groseilles toute bouillante.

Compote d'abricots verts et d'amandes vertes.

Prenez des abricots verts, passez-les à la lessive indiquée pour la marmelade : lavez-les bien, percez-les par le milieu avec une épingle, et jetez-les dans de l'eau fraîche. Faites bouillir de l'eau : mettez-les dedans pour les faire blanchir. Quand ils fléchiront sous le doigt, vous les retirerez du feu, et les couvrirez d'un linge pour les faire reverdir : ensuite vous les mettrez dans de l'eau fraîche, et les égoutterez sur un tamis. Vous ferez bouillir du sucre clarifié, vous y mettrez vos abricots, et leur ferez jeter un bouillon couvert. Vous les retirerez du feu et les laisserez dans le sucre pendant une heure ou deux, puis vous les égoutterez et ferez cuire votre sucre un peu plus fort : vous y ajouterez le zeste et le jus d'une orange. Vous y mettrez vos abricots, et leur ferez jeter un bouillon couvert : vous les mettrez dans une terrine, et, lorsqu'ils seront froids, vous les placerez dans les compotiers, et passerez votre sirop à travers un linge blanc au-dessus du compotier.

Les compotes d'amandes vertes se font de la même manière que celle d'abricots verts.

FIN.

TABLE

DES MATIÈRES.

➤✠◄

FIN DE LA TABLE.

www.ingramcontent.com/pod-product-compliance
Lightning Source LLC
Chambersburg PA
CBHW050104210326
41519CB00015BA/3825